A pedra com alma

Alberto Passos Guimarães

A pedra com alma

A fascinante história do magnetismo

CIVILIZAÇÃO BRASILEIRA
Rio de Janeiro
2011

PROJETO GRÁFICO DE MIOLO
Evelyn Grumach e João de Souza Leite

ILUSTRAÇÕES DE MIOLO:
Carlos Jorge Guidacci

CIP-BRASIL. CATALOGAÇÃO-NA-FONTE
SINDICATO NACIONAL DOS EDITORES DE LIVROS, RJ

Guimarães, Alberto P.
G977p A pedra com alma: a fascinante história do magnetismo/ Alberto P. Guimarães. – Rio de Janeiro: Civilização Brasileira, 2011.

Tradução de: From lodestone to supermagnets: understanding magnetic phenomena
Inclui bibliografia
ISBN 978-85-200-0954-3

1. Magnetismo. 2. Ímãs. 3. Física. I. Título.

CDD: 538
10-3853 CDU: 53.084.88

Texto revisado segundo o novo Acordo Ortográfico da Língua Portuguesa.

Direitos desta tradução adquiridos pela
EDITORA CIVILIZAÇÃO BRASILEIRA
Um selo da
EDITORA JOSÉ OLYMPIO LTDA.
Rua Argentina 171 – Rio de Janeiro, RJ – 20921-380
Tel.: 2585-2000

Impresso no Brasil
2011

Para Ricardo, Marília e Silvia

Sumário

Um deslumbramento dessa natureza experimentei quando era uma criança de quatro ou cinco anos e meu pai me mostrou uma bússola. Que a agulha se comportasse daquela maneira decidida não se encaixava de modo algum com a natureza dos fatos, que pudesse encontrar um lugar no mundo inconsciente dos conceitos (efeitos ligados por "contato" direto). Ainda me lembro — ou ao menos acredito que me lembro — de que essa experiência deixou uma impressão profunda e duradoura em mim. Algo muito escondido devia existir por trás das coisas.

Albert Einstein, *Notas autobiográficas**

*P. A. Schilpp, *Albert Einstein: Philosopher-Scientist*, v. I, Cambridge University Press, Londres, 1969, p. 9.

Prefácio

A fascinação pelos ímãs data de três mil anos ou, possivelmente, mais. Os primeiros relatos atribuem aos antigos gregos as primeiras observações dos fenômenos magnéticos. Estudos na Idade Média e nos séculos XVI e XVII, inspirados pela imagem de um ímã atraindo pedaços de ferro, estimularam muitas visões da forma de funcionamento da natureza, incluindo o modelo para as forças que mantêm os planetas nas órbitas.

Uma história notável em si mesma é a busca pelo entendimento das forças magnéticas. Isso se desenvolve em primeiro lugar por meio da descoberta, no século XIX, da conexão entre eletricidade e magnetismo, um avanço que também abre o caminho para a invenção de todo tipo de máquinas elétricas. Um segundo passo decisivo é o desenvolvimento da mecânica quântica, que permite a compreensão da estrutura da matéria e a ordem magnética. Esse entendimento básico, combinado com os progressos no conhecimento dos materiais, conduziu à produção de melhores ímãs, tornando-os ubíquos na vida moderna.

Essa história se desenrola contra um pano de fundo de ideias cambiantes sobre a natureza, sobre a possibilidade de adquirir conhecimentos a respeito dela e a melhor estratégia para fazê-lo. Cobre um período que testemunhou o nascimento da ciência, a revolução científica dos séculos XVI e XVII e os pontos de inflexão na visão de mundo que abalaram o sistema newtoniano, e, além disso, questionaram ideias estabelecidas, como a causalidade e o determinismo.

Sou grato aos comentários e sugestões feitos por Bill D. Brewer, Ivan S. Oliveira, Ximenes A. Silva e Cássio Vieira, e muitos outros amigos e colegas que leram e comentaram partes ou o todo do manuscrito: A. M. O. Almeida, W. Baltensperger, G. Bemski, T. J. Bonagamba, S. R. Bregman, M. Bulcão, M. A. Continentino, G. O. Corrêa, L. Davidovich, D. M. Esquivel, A. M. Gomes, N. Kaplan, M. Knobel, R. Lent, C. H. Lewenkopf, M. L. Maciel, H. Micklitz, R. P. A. Muniz, A. M. Oliveira, L. A. de Oliveira, P. Panissod, L. C. Sampaio, A. F. F. Teixeira e J. Wisnovsky. Também sou grato àqueles que conseguiram algumas referências difíceis de obter: V. S. Amaral, W. D. Brewer, M. Z. P. Guimarães, J. Huehnergard, E. Ihrig, M. Knobel, e R. S. Sarthour.

Gostaria também de agradecer ao Museu Bakken, de Minneapolis, uma breve bolsa de Pesquisador Visitante para consultar sua rica coleção e buscar iconografia sobre magnetismo.

Para material suplementar sobre este livro, ver www.cbpf.br/lodestone.

Alberto Passos Guimarães

CAPÍTULO 1 Uma pedra com alma

O segredo dos ímãs, explique-o para mim!
Não existe segredo maior, excetuando o amor e o ódio.*

Johann Wolfgang von Goethe, *Gott, Gemüt und Welt*[1]

MAGNETISMO — OS PRIMEIROS REGISTROS

Qual a criança que nunca brincou com um ímã, impressionada com o seu poder de atrair objetos de ferro? Quem não se sentiu intrigado com seu quase mágico poder de exercer forças a distância? Forças essas que parecem agir sem mediação material, sem contato físico; não é necessário tocar um pedaço de ferro para movê-lo com um ímã, em contraste com todas as outras experiências físicas comuns.**

A observação dos ímãs acompanha a humanidade há mais de três mil anos: esses maravilhosos objetos eram conhecidos antes do primeiro milênio de nossa era. Na antiga Mesopotâmia, óxidos de ferro eram usados em pesos desde o fim do

*"Magnetes Geheimnis, erkläre mir das!
Kein grösser Geheimnis als Lieb und Hass."
**Exceto pela atração (normalmente mais fraca) do âmbar, que consideraremos em capítulos posteriores.

terceiro milênio a.C.[2] Diferentes minérios de ferro, incluindo o mineral magnetita, foram usados na mesma região como *selos cilíndricos* desde 2000 a.C.

A mais antiga indicação de que os fenômenos magnéticos eram conhecidos é o fato de que o mineral magnetita, rocha naturalmente magnética, já era chamada na Mesopotâmia "magnetita que agarra" (*šadânu sabitu*).[3] A expressão foi usada em um tablete com uma lista de mercadorias[4] de cerca da primeira metade do segundo milênio a.C., dando uma indicação de que a notável propriedade de alguns minérios de ferro teria sido observada muito cedo. A expressão "magnetita que agarra" também é encontrada no 16º tablete da série Har-ra hubullu, que contém palavras sumérias e o equivalente em acádio, do primeiro milênio a.C.[5] A expressão "hematita viva" também está registrada nessa mesma série do tablete.

Os primeiros registros conhecidos das propriedades do ímã, ou magneto, foram feitos na Grécia. Atribui-se ao filósofo grego Tales de Mileto, que viveu no VI século a.C., a observação de que o ímã teria uma alma.

A origem do nome *magnetismo*, segundo escreveu o filósofo e poeta Lucrécio (Titus Lucretius Carus), do século I a.C., no poema didático *De Rerum Natura* ("Sobre a natureza das coisas"), teria a ver com a província da Magnésia, na Tessália, no norte da Grécia (existem três regiões com esse nome, uma na Grécia e duas na Ásia Menor, que foi colonizada pelos habitantes da Tessália). Lucrécio escreveu:[6] "Em seguida vou discutir por qual lei da natureza o ferro pode ser atraído pela pedra que os gregos chamam de magnetos, que recebeu o nome do seu lugar de origem, pois essa vem dos confins do país dos magnésios." Como a pedra-ímã é chamada de "pedra da Lídia" em alguns relatos, incluindo um do poeta grego Sófocles (496-406 a.C.),[7] pode-se relacionar a descoberta à província da Magnésia, na região da Lídia.[8]

Um relato diferente é feito por Plínio, o Velho (Gaius Plinius Secundus, 23-79 d.C.), autor romano que escreveu a enciclopédica *História natural* (*Historia naturalis*), um tratado de 37 volumes cuja influência se estendeu por cerca de 15 séculos. Plínio compilou milhares de observações sobre fenômenos naturais, plantas, animais e lugares, de sua própria experiência e de mais de dois mil textos anteriores. Foi infatigável em seu trabalho, estudando e escrevendo por toda a vida. A curiosidade finalmente levou-o à morte, quando se aproximou do vulcão Vesúvio para observar a erupção de 79 d.C., que destruiu Pompeia. Plínio menciona a propriedade dos ímãs de atrair o ferro e informa que, de acordo com Nicandro (um poeta grego),

> eram conhecidos como *magnes* pelo fato de o seu descobridor ter sido o pastor Magnes, que encontrou o mineral no monte Ida* (...) A descoberta teria sido feita quando os pregos da sandália de Magnes e a ponta do seu cajado se agarraram a uma pedra no momento em que suas ovelhas pastavam.[9]

É difícil estabelecer qual das tradicionais origens da palavra magneto é mais confiável. De qualquer modo, sabemos que os primeiros objetos a mostrar essa extraordinária propriedade foram rochas contendo óxidos de ferro, um mineral

*Existe um monte Ida na Ásia Menor (Turquia). Na *Ilíada*, Zeus teria observado a Guerra de Troia do monte Ida, também conhecido localmente como Kaz Dagi.

conhecido como magnetita, basicamente de fórmula Fe_3O_4, marrom ou preto, com brilho metálico. A magnetita que se comporta como um ímã é conhecida como pedra-ímã.

O conhecimento sobre o magnetismo e os materiais magnéticos foi adquirido muito lentamente, desde os primórdios da ciência. O conhecimento sobre os minerais foi acumulado desde os tempos pré-históricos, à medida que o homem observava e classificava materiais naturais de acordo com suas propriedades físicas, usando-os e, numa etapa posterior, tentando adaptá-los às suas necessidades práticas. O ritmo de acumulação de conhecimentos acelerou-se quando os primeiros grupos humanos criaram abrigos permanentes, abandonando a vida nômade, e começaram a fazer as primeiras plantações na Mesopotâmia, na região entre os rios Tigre e Eufrates, onde atualmente está o Iraque, e também ao longo do rio Nilo, no Egito. Essas civilizações aprenderam a plantar o trigo e a cevada, criar gado e trabalhar metais como o cobre e o bronze (uma liga de cobre e estanho). O ferro foi inicialmente extraído de meteoritos metálicos; o ferro extraído dos minérios aparece na primeira metade do terceiro milênio a.C.[10] O modo de vida que adotavam exigia um certo conhecimento de botânica, do ciclo das estações, dos pontos de fusão dos metais — seu grau de dureza e de maleabilidade — e assim por diante.

O desenvolvimento de uma forma de contar a passagem do tempo está relacionado com o crescimento do conhecimento astronômico. O tempo era naturalmente medido em dias, o período do nascer ao pôr do sol; um período mais longo foi reconhecido como o ano, o intervalo entre um ciclo de estações e o seguinte. A determinação de quantos dias estavam contidos no ano conduziu, na Mesopotâmia e no Egito, à introdução de um calendário que incorporava a periodicidade anual das estações, importante para a sociedade agrícola; era conveniente começar as estações no mesmo dia, todos os anos. Isso exigiu a observação das estrelas e, em geral, a busca de dados astronômicos. A divisão do dia em horas não era tão relevante para a vida na sociedade primitiva, cujas atividades estavam limitadas ao período do amanhecer ao crepúsculo. Além disso, a medida do tempo em uma escala mais curta envolve a invenção de novos instrumentos e a solução de diversos problemas técnicos.

A construção de habitações e de templos e a necessidade de medir os lotes de terra conduziram à criação de unidades de medida; um sistema de pesos e medidas foi introduzido na Mesopotâmia já em 2500 a.C., e mais tarde também no Egito. As medidas normais de comprimento eram relacionadas a partes do corpo humano: o cúbito, a distância entre e o cotovelo e a ponta do dedo de um homem; o palmo, o comprimento da mão aberta, da ponta do polegar à ponta do dedo mínimo; e assim por diante. Uma das mais antigas unidades de peso empregadas na Mesopotâmia era a mina; outra era o shekel, equivalente a 1/60 da mina. O shekel era equivalente ao peso de 120 ou 200 grãos de trigo.[11]

Um passo gigantesco no desenvolvimento das antigas sociedades foi a invenção da escrita pelos sumérios, um dos povos da Mesopotâmia, que surgiu como uma representação pictográfica na qual um touro era representado pela imagem da cabeça do animal, e mais tarde tomou uma forma mais abstrata, na chamada escrita cuneiforme, em torno de 3000 a.C; o nome foi dado devido à forma dos pequenos traços usados (do latim *cuneus*, cunha). O estágio seguinte na evolução da escrita foi a mudança da representação das coisas pela representação dos sons.

TALES E O INÍCIO DA CIÊNCIA GREGA

Comumente, aceita-se que a origem da ciência ocorreu na Grécia do século VI a.C. Existe certo grau de arbitrariedade nessa escolha, pois desenvolvimentos científicos e técnicos foram também feitos no Egito, na Babilônia e na China. No entanto, é normalmente aceito que a abordagem do conhecimento feita pelos primeiros investigadores na Grécia continha as sementes da atividade científica.*

Por que a Grécia? Por que não o Egito? Sabe-se que neste último, a despeito da riqueza de conhecimentos práticos acumulados, não há evidência de teorização sistemática sobre os fenômenos naturais. A identificação dos deuses com os reis, e a existência dos sacerdotes ao mesmo tempo como autoridade religiosa e secular, não contribuiu para criar um clima que estimulasse a livre especulação a respeito do universo.[12] Na China, por outro lado, a lei não garantia direitos individuais; os costumes e uma "lei natural" prevaleciam, sem a existência de sanções prescritas para os diferentes crimes.[13] Já se especulou que, como não existia conexão imediata entre atos humanos e sanções legais nesse país, a relação entre os fenômenos naturais e as leis gerais que os governam não era facilmente percebida; o conceito de lei da natureza, portanto, não era valorizado.[14]

No mundo grego, contribuiu para a emergência da ciência o fato de os deuses não estarem associados ao poder secular

*Na medida em que é explicativa e ontológica (isto é, relacionada ao ser), a ciência é uma criação do gênio grego — e se considerarmos esses dois aspectos essenciais, podemos afirmar que a ciência nasceu na Grécia." (R. Taton, *Histoire générale des sciences*, v. I, Presses Universitaires de France, Paris, 1966, p. 204.)

e, em consequência, poderem ser mais facilmente removidos do papel privilegiado de determinar o curso dos eventos naturais. Nos antigos relatos míticos, a natureza tendia a ser dotada com o poder de evoluir por si mesma, uma característica que contribuía para a busca das explicações causais para os fenômenos da natureza.[15] A criação do universo, como descrita na *Teogonia*, de Hesíodo (um relato da origem e descendência dos deuses), não era um ato dos deuses, mas sim o resultado da ação de "entidades relativamente abstratas", como o Caos, a Terra e Eros.[16]

Fatores políticos também têm sido apontados como relevantes para esse desenvolvimento: as cidades-Estado gregas apresentavam uma variedade de formas constitucionais de organização, entre as quais o inovador regime democrático, que permitia o surgimento de uma atmosfera de livre especulação. De fato, no caso de Atenas, a Constituição permitia um alto nível de participação na vida política da cidade.[17] A amplitude do comércio marítimo, com trocas entre diferentes culturas, particularmente com os egípcios e com os povos da Mesopotâmia, talvez tenha atuado favoravelmente para a abertura dos horizontes dos primeiros pensadores. Um nível mais elevado de alfabetização na Grécia, comparado ao do Egito e ao da Babilônia, também foi outro fator favorável.[18]

O mundo grego na Antiguidade era constituído de cidades espalhadas nas margens do mar Mediterrâneo (Figura 1); a civilização egípcia era concentrada nas margens do rio Nilo, relativamente isolada das outras sociedades pelo deserto, a leste, e pelo rio, a oeste. Tanto no Egito quanto na Grécia, no entanto, a vida intelectual apenas pôde se desenvolver

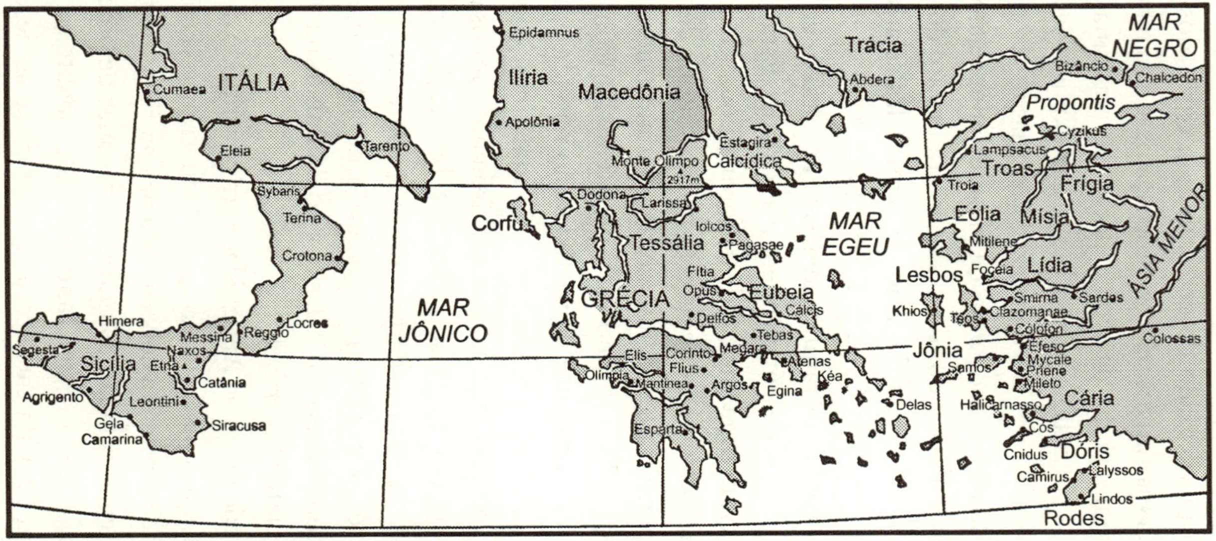

Figura 1 O mundo grego.

quando a sociedade poupou alguns de seus membros das atividades produtivas, permitindo que desfrutassem de tempo livre para o lazer, como apontado pela primeira vez pelo filósofo Aristóteles:

> Portanto, quando todas essas invenções estavam já estabelecidas, as ciências que não visam dar prazer ou a atender às necessidades da vida foram descobertas, inicialmente em locais onde os homens pela primeira vez tiveram atividades de lazer. Foi por isso que as artes matemáticas foram fundadas no Egito, pois lá foi permitido o lazer à casta de sacerdotes.[19]

E, além disso, "(...) pois lá foi quando praticamente todas as necessidades da vida e as coisas que contribuem para o conforto e a recreação estavam garantidas que esse conhecimento começou a ser buscado".

Em torno de 1400 a.C. o primeiro sistema de escrita baseado nos sons das palavras foi inventado na Grécia, o que evoluiu para tornar-se, alguns séculos mais tarde, um sistema alfabético em que as sílabas foram formadas com consoantes e vogais.[20]

No século VII ou VI a.C. surgiram, sob forma escrita, a *Ilíada* e a *Odisseia*, poemas épicos atribuídos a Homero, um poeta-cantor que teria vivido alguns séculos antes, provavelmente em Quios, uma ilha na costa da Ásia Menor ou na Anatólia, a porção asiática da Turquia. Inicialmente transmitidas por meio da tradição oral, essas obras-primas da literatura grega estavam centradas nas aventuras dos lendários personagens Aquiles e Ulisses (Odisseu); na *Ilíada,* episódios da Guerra de Troia são contados (Ilion é um dos nomes de Troia). Além de seu imenso valor literário, as obras revelam certo conhecimento dos fenômenos naturais, de anatomia e de práticas agrícolas correntes na Grécia da época.[21] A *Ilíada* e a *Odisseia* ajudaram a consolidar a língua grega e tornaram-se, por muitos séculos, parte da educação de cada grego alfabetizado. Dois outros poemas, a *Teogonia* e *Os trabalhos e os dias*, são atribuídos a Hesíodo, que pode ter vivido em Ascra, na Beócia, na Grécia continental em torno de 700 a.C. Heródoto, o historiador grego que viveu no século V a.C., expressou, com as seguintes palavras, a importância de Hesíodo e Homero na cultura grega: "Foram eles que criaram a teogonia para os gregos, deram nomes aos deuses, atribuíram-lhes seus privilégios e habilidades e descreveram a sua aparência."[22] Ou, nas palavras de Xenófanes, um filósofo e pensador religioso de Colofonte, na Jônia (a parte central da costa da Turquia asiática), que viveu entre os séculos VI e V a.C.: "O que todos os homens aprendem é moldado por Homero desde o início."[23] Os poemas de Hesíodo e Homero, que misturam mito e conhecimento prático, marcam a transição da Grécia para uma nova era intelectual.

Essa era se abre no século VI a.C., no momento em que alguns homens de espírito indagador passaram a fazer novas perguntas sobre o mundo que os cercava e, mais ainda, tentaram encontrar respostas que não continham os elementos usuais de lenda e mitologia; ou seja, passaram a buscar causas naturais para fenômenos naturais. Nesses primeiros esforços estão as origens do pensamento científico. Esses homens eram os filósofos — ou amantes do saber, em grego; Aristóteles se referiria a eles como *physikoi*, de *physis*, natureza. Segundo seu ponto de vista, eles evitavam a atitude, comum nas sociedades pré-científicas, de confundir "associação de ideias na mente" com "relações causais entre as coisas", nas palavras do antropólogo britânico do século XIX James Frazer.[24] Antes de tudo, começaram a ver o mundo não como um agregado de coisas ou uma desordenada ou arbitrária sequência de eventos, mas como um objeto de conhecimento e de explicação. A palavra *kosmos*, originada de um verbo que significa "ordenar", era usada para descrever o universo; o próprio fato de que uma palavra era necessária para designar a totalidade das coisas representa em si um importante avanço. A atitude deles é resumida nas palavras de WKC Guthrie,[25] autor de *Uma história da filosofia grega*: "A filosofia começou a partir da confiança absoluta de que sob o aparente caos existia uma permanência e uma unidade ocultas, discerníveis, se não pelos sentidos, pela mente."

É muito difícil apreender, atualmente, a magnitude da mudança na visão de mundo contida na atitude dos primeiros filósofos, pois grande parte de suas contribuições incorporou-se à nossa herança intelectual.* Estamos acostumados a buscar a causa natural dos fenômenos sem precisar fazer a escolha consciente entre os pontos de vista mítico e científico; na maioria das situações, a escolha entre *mythos* e *logos* é imediata.

As primeiras ideias filosóficas apareceram nas fronteiras do mundo grego (Figura 1): no leste, ao longo das cidades da costa e das ilhas da Ásia Menor, e no oeste, na Sicília e na Itália continental. Muito pouco dos trabalhos escritos originais ou mesmo dos fragmentos das obras dos primeiros filósofos sobreviveu até os nossos dias. A maioria de suas ideias nos chegou por meio dos escritos de comentadores ou

*O filósofo Karl Popper situa a originalidade dos primeiros filósofos não tanto no fato de que eles abandonam os mitos, mas na sua atitude crítica: eles substituem "a tradicional preservação do dogma" por uma "tradição de criticar teorias" (K. R. Popper, *Objective Knowledge*, Oxford University Press, Oxford, 1975, p. 348).

de historiadores que viveram séculos depois e que não tiveram acesso aos manuscritos originais; para piorar as coisas, mesmo esses relatos foram preservados na forma de cópias de cópias de textos.[26]

O primeiro desses pensadores é Tales de Mileto (*c.* 640 a.C.-546 a.C.), considerado o fundador da ciência e da filosofia gregas, que ousou propor a existência de algo em comum em todo o universo. Nessa primeira visão unificada do mundo, ele postulou, de acordo com Aristóteles,* que "todas as coisas são água"; a escolha da água pode ter surgido por esse elemento se apresentar como um sólido, um líquido ou um gás. A escolha do elemento primitivo do universo pode também ter resultado naturalmente da importância da água na vida dos animais e das plantas, e a relevância do mar para a atividade econômica dos povos da região também pode ter desempenhado algum papel. A ideia teve antecedentes, pois muitos mitos antigos envolviam deuses do mar, dos rios e dos oceanos, e a cosmologia babilônica, em torno talvez de 2000 a.C., já supunha o primado da água.[27] Também fazia parte desses mitos a noção de que a própria Terra flutuava num lago infinito.

Dessa forma, Tales propôs sobre o universo a primeira visão que dispensava elementos mitológicos, deuses ou demônios como constituintes essenciais. Ele tinha reputação como matemático e foi o primeiro homem a ser considerado responsável por descobertas matemáticas específicas.[28] No entanto, alguns dos feitos científicos atribuídos a ele não são

*"A maioria dos primeiros filósofos pensava que os princípios na forma da matéria eram os únicos em todas as coisas (...) Tales, o fundador desse tipo de filosofia, dizia que é a água (é por isso que ele declara que a Terra repousa sobre a água)." Aristóteles, "Metaphysics", 983b6-11, 17-27, *in* J. Barnes, *Early Greek Philosophy*, Penguin Books, Londres, 1987, p. 63.

mais aceitos, como a famosa previsão de um eclipse solar[29] em 585 a.C.; argumenta-se que simplesmente não existiam conhecimentos astronômicos suficientes na época para permitir tal predição.

Dois outros pensadores constituem, com Tales, a escola de Mileto: Anaximandro (610-550 a.C.) e Anaxímenes (550-486 a.C.). A partir da visão de Tales, Anaximandro elaborou uma teoria em que o elemento fundador de tudo era abstrato, o *apeiron*, ou infinito. A escolha representa uma tentativa mais sofisticada de compreensão do princípio, ou *physis*, do universo, pois se desloca de substâncias materiais conhecidas para uma pura abstração. Simplício da Cilícia, comentador e filósofo da escola neoplatonista que nasceu na segunda metade do século V d.C., escreveu[30] sobre Anaximandro:

> Dentre aqueles que mantêm que o primeiro princípio é uno, móvel e infinito, Anaximandro, filho de Praxíades, um milesiano que foi o sucessor e pupilo de Tales, disse que o infinito é princípio e elemento das coisas que existem. Foi o primeiro a usar a palavra "princípio". Diz que não é a água nem algum dos chamados elementos, mas uma diferente natureza infinita, da qual todos os céus, e os mundos sob eles, resultam. E as coisas das quais as coisas existentes surgem são também as coisas nas quais elas degeneram ao ser destruídas, de acordo com o que deve ser.

Anaxímenes escolhe o ar (ou o hálito) como o seu elemento primeiro. Propõe mecanismos de condensação e rarefação como processos de formação da variedade de qualidades e de aspectos materiais do universo. A condensação do ar produz o frio, maior condensação cria o vento, a nuvem, a chuva, a terra e a rocha. Em um antigo texto falsamente atribuído a Plutarco,[31] lê-se:

> Anaxímenes, filho de Eurístrato, um milesiano, tomou o ar como primeiro princípio das coisas que existem; pois tudo surge do ar e novamente volta ao ar. Por exemplo, "nossas almas", diz ele, sendo ar, nos mantêm íntegros, e o hálito e o ar contêm o mundo inteiro. [Ar e hálito são usados como sinônimos.]

Outro importante filósofo na história da ciência foi Pitágoras, nascido em Samos, na Jônia, na ilha mais próxima ao continente, provavelmente em torno de 570 a.C. Para fugir da tirania de Polícrates, migrou para Crotona, no sul da Itália, onde estabeleceu sua escola. Tinha então 40 anos. Sua presença em Crotona coincidiu com um período de aumento da influência dessa cidade-Estado. No fim do século VI, depois de uma rebelião em Crotona, migrou mais uma vez, terminando seus dias em Metaponto, também na Itália, no golfo de Tarento.

Além de filósofo e líder político, Pitágoras criou uma seita religiosa; os fatos de sua vida são mesclados com muitos mitos criados em torno de seu nome. Não há certeza de que tenha deixado obras escritas; um véu de mistério cercava sua seita religiosa, na qual os membros eram obrigados a fazer um voto de cinco anos de silêncio.[32] Sua obra filosófica era aparentemente acessória aos seus interesses religiosos:[33] "O que se pode dizer seguramente é que para Pitágoras os motivos religiosos e morais eram dominantes, de modo que suas investigações filosóficas eram destinadas desde o início a amparar uma concepção particular da melhor forma de vida e satisfazer a certas aspirações espirituais."

Para os pitagóricos, os números tinham uma existência independente e eram mais importantes do que os fenômenos naturais; esses eram importantes apenas na medida em que refletiam a proeminência dos números.[34] A posição suprema dos números foi descrita pelo filósofo Aristóxeno (fl. século IV a.C.) como resultado do interesse de Pitágoras pelo lado prático do comércio; Aristóxeno também o considerava responsável pela criação de um sistema de pesos e medidas.

Um dos primeiros autores a escrever sobre os pitagóricos foi Aristóteles, nascido em 384 a.C.; comentando sobre a relação desses com os números, afirma:[35]

> Portanto, como todas as coisas aparentavam ter sido modeladas nos números, enquanto os números pareciam ser as primeiras coisas em toda a natureza, eles supunham que os elementos dos números eram os elementos de todas as coisas que existem e que todo o céu era harmonia e número.

Embora hoje se considere que Pitágoras e os pitagóricos tenham contribuído pouco para as técnicas da matemática,[36] sua influência nos fundamentos conceituais da matemática não é questionada. Duas das contribuições são a compreensão mais completa da natureza abstrata dos números e das figuras geométricas e o reconhecimento de que são entidades que pertencem a uma classe separada daquela dos objetos físicos.

Antes do aparecimento dos primeiros filósofos, os egípcios e os babilônios tinham um conhecimento prático da matemática, aplicado no comércio, na manutenção da contabilidade do templo e na mensuração das terras agrícolas. Embora as operações aritméticas com números fossem usadas, o significado deles não era discutido ou examinado em profundidade. O desenvolvimento do conceito de número está relacionado aos pitagóricos; embora números tenham sido usados desde eras muito anteriores, o emprego de expressões tais como "dois bois" não implicava o conhecimento do significado pleno da palavra "dois". Em outras palavras, conceitos matemáticos tais como o de número puderam ser compreendidos apenas quando se fez a abstração de algo comum a "dois bois" e a "duas pessoas", e assim por diante. O mesmo processo se aplica aos conceitos geométricos: uma mesa retangular e um pedaço de terra retangular têm algo em comum que deve ser identificado ao formato retangular; desse modo, nasceram os conceitos de retângulo, quadrado, círculo etc. As propriedades geométricas das figuras simples eram conhecidas, até o fato de que em um triângulo retângulo a soma dos quadrados dos comprimentos dos lados adjacentes ao ângulo reto é igual ao quadrado do comprimento do lado oposto, proposição conhecida hoje como *teorema de Pitágoras.*

O desenvolvimento do conceito de número e a importância deles na visão de mundo pitagórica têm sido associados à introdução de moedas, que surgiram na Lídia, na Anatólia, no século VII a.C. Uma consequência da emergência da economia monetária, com a substituição de bens concretos por sua representação abstrata, como valores numéricos em unidades monetárias, pode ter sido um estímulo para a descoberta pitagórica da importância dos números. A universalização de um sistema de pesos e medidas contribuiu na mesma direção, ajudando a revelar o número como uma abstração. A medida do peso de diferentes bens com uma única unidade, por exemplo, permite a mesma associação proporcionada pela moeda: bens concretos de natureza diferente podem ter o mesmo peso, isto é, podem corresponder ao mesmo número. Muitas das unidades usadas na Grécia antiga também o eram no Egito e no Leste; o cúbito, como unidade de comprimento, e o talento, unidade de peso correspondente a 25,8 kg, são exemplos. Essas unidades já são encontradas nos versos de Homero e, portanto, estavam em uso no século VII antes de nossa era.

Embora a natureza abstrata dos números tenha sido reconhecida, eles ainda retêm certa ligação com objetos físicos, o que aparece, por exemplo, no uso de pedrinhas ou pontos[37] na representação de números pelos pitagóricos (Figura 2). Entre os números de interesse especial estavam aqueles que podiam ser representados por uma matriz triangular de pontos, como 1, 3, 6, 10 e assim por diante, chamados números triangulares (o número 1, é claro, era um triângulo "pontual"). Havia ainda os números quadrados: 1, 4, 9 e assim por diante. Alguns resíduos dessa noção sobreviveram até os nossos dias, na denominação da segunda potência como "quadrado" de um número ou a terceira potência como o "cubo".

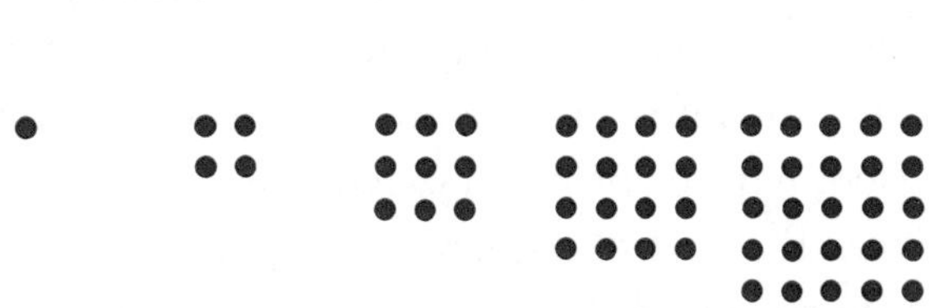

1 4 9 16 25

Figura 2 Representação pitagórica dos números quadrados: $1=1^2$, $4=2^2$, $9=3^2$, $16=4^2$, $25=5^2$.

Pitágoras (ou os pitagóricos) estabeleceu, provavelmente usando um instrumento musical de uma única corda, o *kanon*, que os intervalos musicais correspondiam a certos comprimentos predefinidos das cordas, que podiam variar mudando-se a posição de uma ponte móvel. Observou que a frequência das notas musicais era inversamente proporcional aos comprimentos. Assim, os intervalos da música grega correspondiam às razões de frequência 1:2 (oitava), 3:2 (quinta) e 4:3 (quarta), novamente confirmando para eles que os primeiros quatro números inteiros — 1, 2, 3 e 4 — desempenhavam papel fundamental na ordem do mundo.[38]

PLATÃO E ARISTÓTELES

Platão foi um dos mais importantes filósofos gregos e uma das maiores figuras da história das ideias. Nascido em torno de 428 a.C. e originário de uma relevante família de Atenas, o jovem Platão era um admirador de Sócrates, amigo da família e um dos principais pensadores gregos. Sócrates discutira a possibilidade de o homem alcançar o conhecimento e conduzir uma vida segundo os princípios éticos. Sócrates tinha deslocado sua atenção dos temas de interesse dos filósofos precedentes, como cosmologia e o mundo físico, para os problemas centrados no homem. Podemos dizer, de maneira esquemática, que ele se afastou do problema da realidade da natureza, foco das investigações dos milesianos, para o problema do homem; isso o direcionou para uma indagação ética que, no fim, sacrificaria sua vida. Sócrates foi julgado em 399 a.C. e condenado a morrer por envenenamento com cicuta em consequência de seu questionamento das autoridades gregas. O episódio chocou Platão e o estimulou a seguir seu próprio caminho como filósofo.

Os escritos de Platão tomaram a forma de diálogos e sobreviveram até os dias de hoje como peças de grande valor filosófico e literário. Platão estabeleceu sua escola fora de Atenas em torno de 387 a.C.; a instituição tornou-se conhecida como a Academia, aparentemente porque foi fundada num lugar que devia o seu nome ao herói Akademos.

Platão[39] concluiu que a razão para a nossa capacidade de conhecer o mundo exterior era que as mesmas *simplicidade* e *ordem* que nos agradam em nossas ideias são encontradas no *mundo objetivo*. Platão pensava que os objetos do conhecimento existiam, embora não pudessem ser identificados com algo do mundo perceptível.[40] Eram as formas, ou ideias, das quais os objetos concretos eram apenas cópias imperfeitas. Em um de seus diálogos, o *Mênon*, Platão argumenta que o conhecimento é de fato um processo de lembrança; a alma imortal conhece, por exemplo, geometria, e isso pode ser mostrado interrogando-se adequadamente até mesmo um analfabeto.

Outro gigante dentre os filósofos gregos que deixaram sua marca no nascimento da ciência foi Aristóteles. Ele nasceu em Estagira, atual Stavró, no norte da Grécia, na península Chaldice, em 384 a.C. Aos 18 anos ingressou na escola de Platão, onde permaneceu até a morte do mestre. Mudou-se então de Atenas para Mísia, depois de um período curto em Mitilene, na ilha de Lesbos. Em 342 ou 343 a.C., o rei Felipe da Macedônia, que tinha sido educado na Grécia, convidou-o para ir a Pella, capital do reinado, para ser tutor de seu filho Alexandre, então com 13 anos. O menino cresceria para tornar-se Alexandre, o Grande, rei que conduziria a Macedônia à conquista da Pérsia, da Babilônia e do Egito e estenderia o império até a Índia. Aristóteles assumiu o cargo e depois de oito anos, quando Felipe morreu, voltou para Atenas e fundou sua própria escola, onde passou a ensinar retórica, sofística e política — e, para um número menor de estudantes, lógica, física e metafísica. Costumava discutir com os estudantes enquanto caminhava, e desse fato a escola se tornou conhecida como Peripatética (do grego *peripatein*, andar para cima e para baixo).

Aristóteles deixou uma extensa obra escrita, que pode ser dividida em três partes: os tratados científicos, alguns textos esparsos relacionados a esses primeiros textos e obras de caráter mais popular. Entre os tratados, o mais importante é um conjunto conhecido como o *Organon* (Ferramenta) e depois as obras de história natural, tais como *Historia Animalium*, *Metafísica*, *Ética a Nicômaco* e *Política*. Aristóteles não adotou a forma de diálogos, mas de notas de aula. Classificou o conhecimento teórico em filosofia natural, matemática e primeira filosofia (metafísica).

Na primeira parte do seu tratado de lógica, a Analítica Anterior, e na segunda, chamada Analítica Posterior, ele discute o silogismo, com a finalidade de estabelecer as condições para o conhecimento científico;[41] nesse trabalho Aristóteles lança os fundamentos da lógica formal. O silogismo, na sua forma mais simples, é uma série de três proposições em que as duas primeiras são premissas que conduzem à terceira, a conclusão. O exemplo clássico é 1) "Todos os homens são mortais"; 2) "Sócrates é um homem"; 3) "Logo, Sócrates é mortal". Se as duas primeiras afirmativas são verdadeiras, a terceira (conclusão) também será. Esse é um caso especial da dedução, ou raciocínio dedutivo, visto por Aristóteles como pensamento que vai do geral para o particular (visão que não é aceita atualmente pela maioria dos filósofos)[42]. A indução, por outro lado, vai do particular para o geral;* os dois são processos lógicos essenciais no discurso científico.

Aristóteles valorizava a observação e, em certa medida, a experimentação; ele desenvolveu sua doutrina a partir do conhecimento de biologia. Devido ao interesse em estudos biológicos dos membros de sua escola — o Liceu —, mantinha uma coleção de espécimes zoológicos, obtida em parte das viagens de Alexandre.

A forma de Aristóteles construir sua ciência é exemplificada por C. C. Gillispie,[43] discorrendo sobre sua física:

> Era uma física séria, uma conceitualização altamente elaborada e consistente dos fenômenos naturais. Partia da experiência apreendida pelo senso comum e se movia por meio de definições, classificação e dedução até demonstrações lógicas. Seu instrumento era o silogismo em vez do experimento ou da equação. Seu objetivo era atingir uma explicação racional do mundo, mostrando como as miríades de meios subordinados são adaptadas ao objetivo maior de ordem.

Aristóteles considerava a existência de quatro diferentes causas, usando a palavra em um sentido diferente do que ela tem hoje: dessas, a causa final era chamada de "primeiro motor". Esse primeiro motor foi frequentemente chamado de Deus, porém representava mais um princípio natural do

*Aristóteles comumente fala da indução. No entanto, ela não progrediria de indivíduos (exemplo "esse homem", "esse cavalo"), mas de espécies ("homem", "cavalo") até gêneros (isto é, "mamíferos", "seres vivos"). (D. Ross, *Aristotle*, Methuen & Co., Londres,1974, p. 39.)

que um deus religioso; não era fonte de força, mas um objeto de desejo.[44] Por exemplo, as estrelas giram no céu devido ao desejo de atingir a perfeição, que é conseguida com o movimento circular.

O ponto de vista de Aristóteles e de seus seguidores contrasta com a visão de Platão. Nas palavras[45] do historiador de ciência Alexandre Koyré:

> Se você reivindica para a matemática um *status* superior, se, além disso, atribui a ela um valor real e uma posição dominante na física, você é um platônico. Se, ao contrário, vê a matemática como uma ciência abstrata, que, portanto, tem um valor menor do que as outras — física e metafísica — que tratam do ser real; se, em particular, você crê que a física não necessita de suporte além da experiência e deve ser construída diretamente sobre a percepção, e que a matemática tem de se satisfazer com o papel secundário e subsidiário de um mero auxiliar, você é um aristotélico.

Outro importante movimento filosófico que floresceu em Atenas foi o estoicismo desenvolvido por um grupo de filósofos, os estoicos, que receberam esse nome devido ao lugar onde costumavam se encontrar, a *Stoa poikile*, ou pórtico pintado. Eles foram influenciados pelas ideias do filósofo pré-socrático Heráclito (ativo em torno de 500 a.C.), e seu líder mais importante foi Zenão de Cítio (*c.* 334-262 a.C.), que nasceu em Chipre e fundou a escola em torno de 300 a.C. Encaravam o universo como um ser vivo, cheio de um fluido, o *pneuma*, e acreditavam que toda matéria era formada de quatro elementos: terra, água, fogo e ar. Foram responsáveis por avanços em lógica e linguística. Sua doutrina, o estoicismo, permaneceu uma escola filosófica importante até a era romana, quando seus principais pensadores foram o imperador romano Marco Aurélio (121-180 d.C.), o escritor Sêneca (*c.* 2 a.C.-65 d.C.) e o filósofo Epicteto (*c.* 55-*c.* 135 d.C.). Em sua forma posterior, o estoicismo refletiu preocupação crescente com questões éticas e morais.

Lado a lado com os filósofos, a Grécia produziu homens que tinham preocupações práticas, que criaram ou aperfeiçoaram ferramentas e máquinas. Um dos maiores dentre esses criadores foi o inventor e matemático Arquimedes, nascido em 287 a.C. Ele viveu em Siracusa, uma colônia grega na Sicília, e deixou muitos tratados em aritmética, mecânica, astronomia e ótica. Arquimedes é mais conhecido pelas máquinas que construiu, como catapultas e outros engenhos bélicos. Diz-se também que teria proposto o uso de espelhos côncavos para atear fogo à frota de Roma. Foi morto quando os romanos conquistaram e saquearam Siracusa em 212 a.C.

MAGNETISMO NA GRÉCIA

Existem apenas poucas referências ao magnetismo nos escritos dos primeiros filósofos gregos; o comentário sobre o ímã atribuído a Tales, citado no início deste capítulo, é o primeiro registro. Alguns filósofos, além de considerações sobre outros fenômenos naturais, não apenas descreveram o magnetismo, mas tentaram explicar a causa subjacente ao estranho comportamento da pedra-ímã. Uma afirmativa nessa direção foi reportada por Aristóteles, em seu tratado

De anima (Sobre a alma): "Tales, também, a julgar pelo que foi registrado a seu respeito, parece ter acreditado que a alma é uma força motriz, pois disse que o ímã tem em si uma alma, porque move o ferro."[46]

No livro *Vidas dos filósofos* (início do século III d.C.), de Diógenes Laércio, a mesma ideia é atribuída a Tales:[47] "Aristóteles e Hípias dizem que ele atribuía almas também às coisas inanimadas, tomando o ímã e o âmbar como provas." O conceito imputado a Tales tem sido interpretado de duas formas: ou Tales compartilhava as crenças tradicionais com seus contemporâneos ou abandonou-as inteiramente; essa última visão é baseada no fato de que ele reservava a identificação com seres espirituais apenas para objetos decididamente fora do normal, como os ímãs.[48]

Laércio relaciona o âmbar e o ímã como materiais notáveis que seriam objeto da observação de Tales. O âmbar é uma resina vegetal fóssil, de coloração amarela ou alaranjada, transparente ou leitosa, conhecida pela propriedade de atrair pequenos objetos quando atritada, devido ao surgimento de uma carga elétrica. O âmbar também é mencionado por Plínio, o Velho: em suas palavras,[49] "ele atrai palha, folhas secas e casca da tília (uma árvore), assim como o ímã atrai o ferro".*

Nos *Diálogos* de Platão encontramos uma descrição de como o ímã faz um pedaço de ferro tocado por ele se comportar como outro ímã, fenômeno conhecido como indução:[50]

*Essa propriedade do âmbar será discutida no Capítulo 3.

> (...) existe uma divindade movendo você, como aquela contida na pedra que Eurípides chama de ímã, mas que é comumente conhecida como pedra de Heracleia. Essa pedra não apenas atrai argolas de ferro, mas também comunica a elas um poder semelhante de atrair outras argolas; e algumas vezes você poderá ver vários pedaços de ferro e argolas suspensos formando uma longa cadeia: e todos derivam seu poder de suspensão da pedra original.

Os filósofos gregos posteriores a Tales também tentaram explicar por que o ímã tem o poder de atrair o ferro. Empédocles (*c*. 490-*c*. 430 a.C.) foi um desses: ele apelou para os "eflúvios", ou vapores, em sua explicação. De acordo com o livro *Quaestiones*, escrito em torno de 200 d.C. pelo filósofo Alexandre de Afrodísias, a explicação de Empédocles para a atração magnética era a seguinte:

> Sobre a razão por que a pedra-ímã atrai o ferro, Empédocles diz que o ferro é atraído para a pedra por meio dos eflúvios que emanam de ambos e porque os poros da pedra são comensuráveis com os eflúvios do ferro. Os eflúvios da pedra agitam e dispersam o ar que repousa sobre os poros do ferro e os obstrui, e quando o ar é removido, o ferro é atraído por um fluxo coerente para fora. À medida que os eflúvios do ferro viajam em direção aos poros da pedra, como esses são comensuráveis com eles e se encaixam neles, o próprio ferro os acompanha e se move com eles.[51]

Na mesma linha, Demócrito de Abdera (*c*. 460-*c*. 370 a.C.), filósofo grego conhecido por sua visão atomista da matéria, apela para os eflúvios ao explicar as propriedades do ímã. Nas palavras de Alexandre de Afrodísias:

> Demócrito também diz que existem eflúvios e que os corpos são atraídos para seus iguais, mas acrescenta que todos são atraídos para um vazio. Tendo feito essas hipóteses, ele supõe que a pedra-ímã e o ferro consistem em átomos semelhantes, mas os da pedra são menores e de uma textura mais rara que os do ferro e contêm mais vazio. Por essa razão, seus átomos, sendo mais móveis, são atraídos mais rapidamente para o ferro (pois estão se movendo em direção aos seus similares) e, ao entrar nos poros do ferro, perturbam seus átomos ao passar entre eles devido ao seu tamanho reduzido. Os átomos do ferro, assim perturbados, fluem para fora em direção à pedra devido à sua semelhança e porque essa tem mais vazio. O ferro [como um todo] os segue na expulsão em grande número, e ele mesmo é atraído para a pedra. A razão pela qual a pedra não se move mais para o ferro é que o ferro não contém tanto vazio.[52]

Epicuro de Samos (341-270 a.C.), o filósofo conhecido pelos ensinamentos de que o prazer, ou melhor, a ausência de dor, constituía a essência da vida, tinha uma teoria diferente. Segundo o médico e filósofo Galeno (*c.* 130-*c.* 200 d.C.),[53] "seu ponto de vista é o de que os átomos que fluem da pedra são relacionados em forma com aqueles que fluem do ferro e, portanto, se tornam facilmente entrelaçados uns com os outros (...)".

Em todos os casos, as explicações propostas envolvem ações mecânicas, atração pelo vazio, entrelaçamento de átomos e assim por diante (ou talvez também considerações animísticas, no caso de Tales com sua observação sobre a "alma do ímã"). Processos mecânicos eram certamente insuficientes para explicar os efeitos magnéticos; os estudiosos do magnetismo teriam de esperar mais de 20 séculos para uma explicação válida do fenômeno.

REGISTROS CHINESES SOBRE O MAGNETISMO

Algumas das referências mais antigas sobre a pedra-ímã vêm do Oriente, mais especificamente da China, onde era chamada de *tzhu shih* (a pedra afetuosa).[54] A primeira aplicação prática do ímã, a bússola, também se originou na China, onde foi empregada para a navegação possivelmente no século X de nossa era.

A primeira dinastia chinesa foi a Shang, entre os séculos XVIII a XII a.C., na Idade do Bronze chinesa. Inscrições encontradas em cerâmicas apontam a origem da língua escrita chinesa em 4000 a.C. A unificação da China deu-se apenas em 221 a.C., quando o poderoso Estado feudal de Qin estabeleceu seu domínio sobre os outros; no processo de unificação, a linguagem escrita foi padronizada.

Na antiguidade chinesa houve enormes progressos no conhecimento dos fenômenos naturais e em diferentes tecnologias. O conhecimento astronômico atingiu um alto nível, estimulado principalmente pela necessidade de aperfeiçoar o calendário e por finalidades divinatórias. Já em 1400 a.C., os chineses tinham determinado que a duração do ano era de 365,25 dias (o mínimo aceito hoje é 365,242199 dias) e o período do ciclo lunar de fases (chamado mês sinódico ou lunação) como 29,5 dias (hoje 29,530588 dias). Os chineses tinham um ano de 354 dias e acrescentavam, de tempos em tempos, um mês extra com 29 ou 30 dias para manter o calendário alinhado com o movimento da Terra em torno do Sol. Mantinham também registros dos fenômenos astronômicos: registravam eclipses desde 720 a.C., manchas solares desde 28 a.C., cometas desde 613 a.C., e novas e supernovas desde 352 a.C.[55] A coleta e a preservação desses dados em geral podem ser atribuídas à atividade do Estado, e sua forte presença é um traço distintivo do início do desenvolvimento científico da China.[56]

Os chineses começaram a fazer objetos de ferro fundido já nos séculos VI ou IV a.C., graças à invenção dos foles, que proporcionavam um fluxo regular de ar para o interior da fornalha. Entre outros avanços em tecnologia, podemos incluir o papel, inventado na China em torno de 100 d.C., o relógio mecânico no século VIII e a pólvora no século IX. Em muitos campos técnicos, os chineses estavam à frente da Europa até o século XVI.

Os primeiros pensadores importantes na China antiga foram os confucionistas e os taoistas, mas houve contribuições importantes de membros de outras escolas filosóficas, conhecidos como mozistas, legalistas e lógicos. Os confucionistas eram os seguidores de K'ung-fu-tzu, ou, em forma latinizada, Confúcio, que viveu de 552 a.C. a 479 a.C. Os taoistas (de tao, "o caminho") seguiam os ensinamentos de Lao Tsé, que teria vivido em alguma época entre os séculos VI e IV a.C., e os mozistas seguiam Mo-tzu (479-381 a.C.). Embora os confucionistas e os taoistas tenham sido as escolas mais influentes na história intelectual chinesa, e seus preceitos tenham evoluído para se tornar duas religiões, mozistas, lógicos e legalistas estiveram mais imediatamente relacionados com o desenvolvimento de ideias científicas na China. Os mozistas estudaram óptica e mecânica e desenvolveram, com os lógicos, os fundamentos de uma lógica científica.[57] Eles discutiram as diferentes formas de aquisição de conhecimento: por meio da transmissão oral, por inferência, por observação direta e por ação deliberada, isto é, por experimentação.[58] Os legalistas, que floresceram em torno de 300 a.C., pregavam leis que determinariam estritamente a conduta humana e chegaram próximo do conceito de leis da natureza. Também contribuíram para uma incipiente atitude científica com sua preocupação com a medida e a quantificação.[59]

De acordo com um manuscrito anônimo da dinastia Han (206 ou 202 a.C. até 220 d.C.), o conhecimento matemático dos chineses incluía o cálculo de áreas de figuras geométricas, o volume de prismas, pirâmides e cilindros, a solução de equações de primeiro grau, a solução de sistemas de equações lineares e a aplicação do teorema de Pitágoras.

Os chineses estudaram as propriedades dos ímãs desde muito cedo e desenvolveram as primeiras aplicações do magnetismo.* O primeiro registro escrito sobre o ímã é encontrado no *Lü Shih Chhun Chhiu* (Anais da primavera e do outono de Mestre Lü), escrito por um grupo de estudiosos e publicado em 240 a.C., no período Chou. O texto descreve a propriedade da pedra-ímã e afirma:[60] "A pedra-ímã atrai para si partículas de ferro." Outros textos contêm observações adicionais sobre a pedra-ímã: por exemplo, que ela não atrai outros metais ou objetos não metálicos.[61] Como na citação do *Huai Nan Tzu* (O livro dos príncipes de Huai Nan), escrito antes de 120 a.C.:

> Se você pensa que porque a pedra-ímã pode atrair o ferro você também pode fazê-la atrair pedaços de cerâmica, constatará que está enganado. (...) O fogo é obtido do sol através do espelho queimador, a pedra-ímã atrai ferro, os caranguejos estragam o verniz, a malva volta a sua face para o sol. Tais efeitos são muito difíceis de compreender.

*Essa seção se baseia fortemente no monumental estudo de J. Needham cujo título geral é *Science and Civilisation in China*, especialmente o volume 4, parte I, Cambridge University Press, Cambridge, 1972.

E ainda do mesmo livro:

> Alguns efeitos são mais pronunciados a curta distância e outros a longa distância. O arroz cresce na água, mas não na água corrente. O fungo púrpura cresce nas montanhas, mas não em vales pedregosos. A pedra-ímã pode atrair o ferro, mas não tem nenhum efeito sobre o cobre. Assim é o movimento do Tao.[62]

E do *Lun Hêng* (Discursos pesados na balança), livro de 83 d.C.: "O âmbar agarra sementes de mostarda, e a pedra-ímã atrai agulhas."[63]

No século III a.C. os chineses usavam um tabuleiro de adivinhos para ler a sorte (Figura 3). Ele consistia em duas partes, a superior (circular) representando o céu, repousando sobre a inferior, um tabuleiro quadrado que representava a Terra, com divisões correspondentes aos pontos cardeais (Figura 3). O adivinho lançava pequenas pedras ou figurinhas sobre a parte inferior e podia prever o futuro a partir da posição que ocupavam. Entre as figuras usadas, uma representava a constelação da Grande Ursa, em forma de uma colher, feita de madeira, cerâmica ou pedra. No século I d.C. (e possivelmente antes, no século II a.C.), a colher era feita de pedra-ímã e ficou sendo conhecida como a "agulha que aponta para o sul". Foi o primeiro exemplo da propriedade do ímã de orientar-se no campo magnético da Terra. Uma observação sobre a propriedade dessa colher é encontrada no *Lun Hêng*:[64] "Mas quando a colher que controla o sul é jogada no chão, ela repousa apontando para o sul." Os textos chineses também mencionam uma carroça com uma imagem montada que sempre apontava para a mesma direção. Segundo John Needham, a direção da carroça nada tinha a ver com magnetismo, era um dispositivo puramente mecânico.[65]

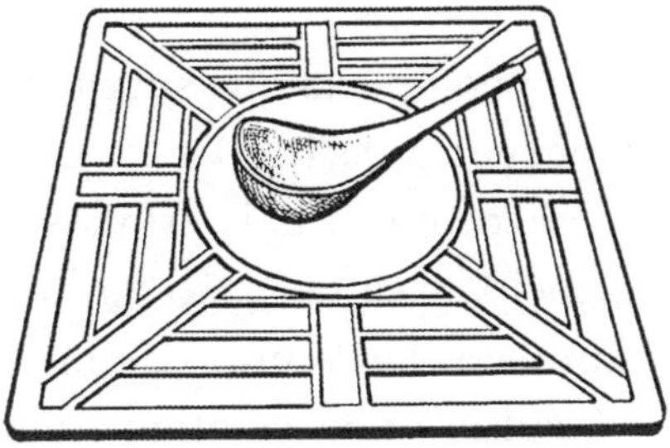

Figura 3 Tabuleiro chinês de adivinhação, com a "colher que aponta para o sul" feita de magnetita.

No século I d.C. eram comuns pedras-ímã montadas sobre um pino, que permitia que girassem mais livremente; nos séculos VI e VIII, agulhas de ferro magnetizadas por contato com a pedra-ímã substituíram os pedaços de rocha, tornando-se as primeiras bússolas de agulha. É possível que a aplicação dessas primeiras bússolas à navegação tenha ocorrido no século X, mas certamente o instrumento estava em uso no século XI. A primeira descrição chinesa da agulha magnética é de cerca de 1080 d.C., cem anos antes dos primeiros registros escritos europeus sobre esses dispositivos.[66] Um dos primeiros europeus a discutir o uso da bússola foi o inglês Alexander Neckam (1157-1217), em seu livro *De nominibus utensilium* (Sobre o nome das ferramentas), escrito em torno de 1175-1183.

ÍMÃS NA MESOAMÉRICA PRÉ-COLOMBIANA

A primeira cultura complexa que surgiu nas Américas foi a dos olmecas, em cerca de 1200 a.C., centrada nas áreas costeiras do México, nos atuais estados de Vera Cruz e Tabasco. Os principais sítios estão ao longo do golfo do México: San Lorenzo, La Venta, Laguna de los Cerros e Tres Zapotes. A cultura olmeca atingiu alto grau de sofisticação, com o conhecimento de técnicas de construção e manufatura de implementos, e influenciou as civilizações que a sucederam no continente, especialmente os astecas e os maias.

Os olmecas deixaram impressionantes traços arqueológicos, os mais notáveis sendo suas colossais cabeças de pedra, pesando mais de 15 toneladas; 16 dessas foram encontradas. A sociedade olmeca era capaz de mobilizar mão de obra em larga escala para trabalhos de construção e de remoção de terra. A pedra empregada em algumas das cabeças foi trazida de cerca de 80 km de distância, das montanhas Tuxla, flutuando no rio e depois arrastada por terra, em si um feito notável.

Os arqueólogos encontraram objetos olmecas feitos de minério de ferro, datando do período Formativo Antigo (1500-900 a.C.), em sítios em San José Mogote e San Lorenzo.[67] São pequenas placas polidas ou espelhos, planos e côncavos, com até 10 cm de diâmetro, que aparentemente eram usados como adornos corporais.[68] É bem possível que a fabricação dos espelhos pudesse conduzir à observação de comportamento magnético, por exemplo, a aderência dos resíduos resultantes do corte e do polimento dos objetos.

Um dos objetos olmecas mais interessantes, encontrado em estratos datados de 1400-1000 a.C., é uma barra polida, magnética, de 3,5 cm, que conduziu a especulações de que seria a mais antiga bússola conhecida.[69] Se verdadeira essa hipótese, os olmecas teriam antecedido os chineses em mais de mil anos.

Outra evidência de que os olmecas conheciam as propriedades dos minerais magnéticos foi a descoberta, na planície costeira da Guatemala, de uma estátua de um jaguar com polos magnéticos em cada pata erguida, e de uma estátua grosseira de dois homens sentados, feita de um único bloco de pedra, com polos magnéticos de cada lado do umbigo. A última estátua está datada de 2000-1500 a.C.; portanto, representaria o mais antigo artefato magnético conhecido no mundo.[70] Em Izapa, num sítio correspondente ao período Formativo Tardio (300 a.C.-100 d.C.), foi encontrada uma cabeça de tartaruga esculpida em pedra, com 1,1x1,2 m, também magnética, com um dos polos coincidindo com o focinho do animal.[71] Embora a magnetização das pedras também possa ser atribuída ao impacto de raios, isso parece improvável em função da importância dos locais dos polos magnéticos nos diferentes objetos.

OUTRAS FONTES: ROMANOS E ÁRABES

A expansão de Roma nos séculos III e II antes de nossa era conduziu à ocupação das cidades gregas do sul da península italiana, depois das Guerras de Pirro (280 a.C.-275 a.C.) e, mais tarde, das guerras macedônicas (214-148 a.C.), levando ao completo controle da Macedônia e da Grécia continental. Os romanos incorporaram as realizações da cultura grega às artes, à filosofia e à ciência. No entanto, não há registro de um florescimento de ideias criativas comparável ao fenômeno grego. Um representante da tradição científica no mundo romano foi o filósofo Lucrécio (*c.* 98-*c.* 55 a.C.), já mencionado. Em seu livro *De rerum natura* (Sobre a natureza das coisas), ele descreveu algumas propriedades do ímã e como sua influência podia ser sentida por meio de um obstáculo metálico: "Tenho visto argolas de ferro da Samotrácia até saltarem e, ao mesmo tempo, limalha de ferro em frenesi dentro de bacias de latão, ao se colocar essa pedra magnética sob elas; tal é o forte desejo que o ferro tem de fugir da pedra."[72]

Outro importante autor romano foi Plínio, o Velho (23-79 d.C.), também citado anteriormente. Ele mostrou um profundo interesse pelo ímã, por suas "notáveis propriedades": "Pois qual fenômeno é mais assombroso? Onde a natureza mostrou maior audácia?"[73] Plínio descreve os tipos de pedras magnéticas, distinguindo-as como "macho" e "fêmea", de acordo com a intensidade dos efeitos magnéticos. Fala até de uma pedra mítica da Etiópia — *theamedes* — que "repele todo tipo de ferro".[74] Ele conta histórias de duas montanhas próximas ao rio Indo, uma que atrai o ferro, outra que o repele. Portanto, se um homem tiver pregos em seus sapatos, "sobre uma montanha será incapaz de tirar o pé do chão a cada passo, sobre a outra não poderá pousar o pé".[75]

A única forma pela qual se pode observar a repulsão com um ímã é, obviamente, aproximando-se outro ímã, com o polo norte próximo do outro polo norte, por exemplo. Não parecem existir, nos textos da Antiguidade, relatos de interações entre ímãs, e, consequentemente, não há observação genuína da repulsão magnética.[76]

"Existe uma pedra, sem cor e sem brilho (...), mas que é a preferida entre todos os mais preciosos produtos do Oriente por aqueles que conhecem suas virtudes e maravilhas." Assim escreveu outro autor romano, o poeta do século IV Claudiano, ou Claudius Claudianus (*c.* 370-*c.* 404), em um texto[77] que louvava as qualidades mágicas do ímã:

> O ferro lhe dá a vida; o ferro o reconhece e alimenta; quando o ferro é retirado, ele experimenta os tormentos da fome e da sede; ele morre (...) O ferro e a pedra-ímã são atraídos um para o outro e unidos. Qual é essa chama sutil a qual, penetrando esses dois metais, pode dar lugar a essa simpatia? Qual é esse feitiço desconhecido que pode uni-los com uma vontade comum e um único desejo?

Quando a ciência grega entrou numa fase de decadência após o século II d.C., sua tradição foi continuada pelos árabes, cujo pensamento foi fortemente moldado pelos primeiros.[78] Sua contribuição científica será discutida no Capítulo 2.

O grande passo seguinte no desenvolvimento das explicações científicas, depois de os gregos terem lançado os fundamentos, exigiu uma nova atitude crítica, uma revolução científica que entronizou o método experimental e a crítica dos clássicos como as ferramentas básicas na busca do conhecimento, nos séculos XVI e XVII. Uma revolução que trouxe consigo uma nova visão do universo, com a Terra ao mesmo tempo integrada a ele e removida de sua posição privilegiada.

Leituras adicionais

J. Barnes. *Early Greek Philosophy*. Londres: Penguin Books, 1987.

M. R. Cohen e I. E. Drabkin. *A Source Book in Greek Science*. Cambridge: Harvard University Press, 1966.

W. K. C. Guthrie. *A History of Greek Philosophy*. I. Cambridge: Cambridge University Press, 1967.

J. Needham. *Science and Civilisation in China*. 4, parte I, Cambridge, Cambridge University Press, 1972.

J. M. Roberts. *The Penguin History of the World*. 3ª ed. Londres. Penguin Books, 1997.

C. A. Ronan. *The Cambridge Illustrated History of the World's Science*. Cambridge: Cambridge University Press, 1984.

Notas

1. Johann Wolfgang von Goethe, "Gott, Gemüt und Welt", *in* Alan L. Mackay e Peter Hilger (orgs.), julho de 1991, p. 105.
2. P. R. S. Moorey, *Ancient Mesopotamian Materials and Industries: the Archaeological Evidence*, Oxford University Press, Oxford, 1994, p. 84.
3. R. Campbell Thompson, *A Dictionary of Assyrian Chemistry and Geology*, Clarendon Press, 1936, p. 85. Heidelberger Akademie der Wissenschaften, Oxford, *Akkadisches Handwörterbuch*, Otto Harrassowitz, Wiesbaden, 1981, v. III, p. 1.123. Erica Reiner (org.), *The Assyrian Dictionary of the Oriental Institute of the University of Chicago*, Glückstadt Oriental Institute/J. J. Augustin Verlagsbuchhandlung, Chicago, 1989, v. 17, p. 36.
4. J. Huehnergard, comunicação privada (2000).
5. J. Huehnergard, comunicação privada (2004).
6. Lucretius, "On the Nature of Things", *in Great Books*, v. 12, Chicago, Encyclopaedia Britannica, 1978, nº 906, p. 92.
7. A. C. Pearson, citado por J. B. Kramer, "The Early History of Magnetism", *Transactions of the Newcomen Society*, v. 14, 1933-1934, p. 185.

8. J. B. Kramer, op. cit., p. 186.
9. Pliny the Elder, *Natural History: a Selection*, Livro XXVI, nº 127, Penguin Books, Londres, 1991, p. 359.
10. R. J. Forbes, "Extracting, Smelting, and Alloying", *in* Charles Singer, E. J. Holmyard e A. R. Hall (orgs.) *A History of Technology*, v. 1, Oxford University Press, Oxford, 1967, p. 594.
11. H. Hodges, *Technology in the Ancient World*, Penguin Books, Harmondsworth, 1971.
12. W. K. C. Guthrie, *A History of Greek Philosophy*, v. I, Cambridge University Press, Cambridge, 1967, p. 33.
13. C. A. Ronan, *The Cambridge Illustrated History of the World's Science*, Cambridge University Press, Cambridge, 1984, p. 143.
14. J. Needham, citado por P. Acot, *L'Histoire des Sciences*, Presses Universitaires de France, Paris, 1999, p. 55 (coleção Que sais-je?).
15. W. K. C. Guthrie, *op. cit.*, p. 142.
16. P. Pellegrin, "Physique", p. 459, *in* Jacques Brunschwig, Geofffrey Lloyd e Pierre Pellegrin, *Le Savoir Grecque*, Flammarion, Paris,1996, p. 463.
17. G. E. R. Lloyd, *Magic, Reason and Experience*, Cambridge University Press, Cambridge, 1993, p. 243.
18. G. E. R. Lloyd, *op. cit.*, p. 239.
19. Aristotle, "Metaphysics", Book I, 981b, *Great Books*, vol. 8, Encyclopaedia Britannica,Chicago, 1978, p. 500.
20. Encyclopaedia Britannica CD, Version 99, 1994-1999.
21. P. H. Michel e C. Mugler, "Les sciences dans le monde gréco-romain", *in* R. Taton, *Histoire générale des sciences,* v. I, Presses Universitaires de France, 1966, Paris, p. 208.
22. Heródoto, Hdt. II, 53, citado por W. K. C. Guthrie, *op. cit.*, p. 371.
23. W. K. C. Guthrie, *op. cit.*, p. 371.
24. J. Frazer, *The Golden Bough* s./n., Londres, 1890; R. S. Brumbaugh, *The Philosophers of Greece*, State University of New York Press, Albany, 1981.
25. W. K. C. Guthrie, *The Greek Philosophers — From Thales to Aristotle*, Methuen & Co., Londres, 1975, p. 24.
26. J. Barnes (a), *Early Greek Philosophy*, Londres, Penguin Books, 1987, p. 25.
27. W. K. C. Guthrie, *op. cit.*, p. 59.

28. C. B. Boyer e U. C. Merzbach, *A History of Mathematics*, 2ª ed., John Wiley, Nova York, 1989, p. 55.
29. W. K. C. Guthrie, *op. cit.*, p. 46. O. Neugebauer, *The Exact Sciences in Antiquity*, 2ª ed., Dover, Nova York, 1969, p. 142.
30. Simplicius, "Commentary on the Physics", 24.13-25, *in* J. Barnes (a), *op. cit.*, p. 74.
31. (Plutarch), "On the Scientific Beliefs of the Philosophers", 876 AB, citado por J. Barnes (a), *op. cit.*, p. 79.
32. W. K. C. Guthrie, *op. cit.*, p. 151.
33. W. K. C. Guthrie, *op. cit.*, p. 181.
34. W. K. C. Guthrie, *op. cit.*, p. 213.
35. J. Barnes (a), *op. cit.*, p. 209.
36. J. Barnes (a), *op. cit.*, p. 210.
37. M. Kline, *Mathematical Thought from Ancient to Modern Times*, Oxford University Press, Nova York, 1972.
38. W. K. C. Guthrie, *op. cit.*, p. 224.
39. R. S. Brumbaugh (a), *op. cit.*, p. 151.
40. W. K. C. Guthrie (a), *op. cit.*, p. 88.
41. D. Ross, *Aristotle*, Methuen & Co. Londres, 1974, p. 32.
42. Encyclopædia Britannica CD, Version 99 © 1994-1999.
43. C. C. Gillispie, *The Edge of Objectivity*, Princeton University Press, Princeton, 1973, p. 12.
44. R. S. Brumbaugh (a), *op. cit.*, p. 194.
45. A. Koyré, "Galileo and Plato", *Journal of the History of Ideas*, v. 4, nº 4 (1943) 400, p. 421.
46. Aristotle, "On the Soul", "The Works of Aristotle", v. I, Chicago, Encyclopaedia Britannica, 1952, p. 634.
47. J. Barnes (a), *op. cit.*, p. 66.
48. W. K. C. Guthrie (a), *op. cit.*, p. 66.
49. Pliny the Elder, Book XXXVII, nº 48, *op. cit.*, p. 370.
50. Plato, "On Ion", *Great Books*, v. 7, Chicago, Encyclopaedia Britannica, 1952 p. 144.
51. W. K. C. Guthrie (b), *A History of Greek Philosophy*, v. II, citando *Quaestiones*, p. 232.
52. W. K. C. Guthrie (b), citando *Quaestiones* 2.32, A165.
53. Galen, "On the natural faculties", *Great Books*, v. 10, Chicago, Encyclopaedia Britannica, 1952, p. 177.

54. J. Needham, *Science and Civilisation in China*, v. 4, parte I, Cambridge University Press, Cambridge, 1972, p. 232.
55. C. A. Ronan, *op. cit.*, p. 161.
56. C. A. Ronan, *op. cit.*, p. 185.
57. C. A. Ronan, *op. cit.*, p. 141.
58. A. Haudricourt e J. Needham, "La Science Chinoise Antique", *in* R. Taton (a), *op. cit.*, p. 198.
59. C. A. Ronan, *op. cit.*, p. 142.
60. J. Needham, *op. cit.*, p. 31.
61. J. Needham, *op. cit.*, p. 232.
62. J. Needham, *op. cit.*, p. 232.
63. J. Needham, *op. cit.*, p. 233.
64. J. Needham, *op. cit.*, p. 262.
65. J. Needham, *Physics and Physical Technology*, v. 4, Parte 11, Mechanical Engineering, 1974, p. 286.
66. J. Needham, *op. cit.*, p. 230.
67. A. P. Guimarães, "Mexico and the Early History of Magnetism", *Revista Mexicana de Física*, 50 (2004) p. 51.
68. J. B. Carlson (a), *Science*, v. 189, (1975) 753.
69. J. B. Carlson (a), *Science*, v. 189, (1975) 753.
70. Vincent H. Malmström, *in* Helaine Selin (Ed.), *Encyclopaedia of the History of Science, Technology, and Medicine in Non-Western Cultures*, Kluwer Academic, Dordrecht, 1997, p. 543.
71. V. H. Malmstrom, Nature, v. 259 (1976), 390.
72. Lucretius, *op. cit.*, p. 94.
73. Pliny the Elder, *in* M. R. Cohen e I. E. Drabkin (a), *A Source Book in Greek Science*, Harvard University Press, Cambridge, 1966, p. 311.
74. M. R. Cohen e I. E. Drabkin (a), *op. cit.*, p. 312.
75. Pliny the Elder, *op. cit.*, p. 39.
76. R. Wallace, *"Amaze your Friends!" Lucretius on Magnets*, Greece & Rome, xliii, nº 2, outubro de 1996, 178, p. 185.
77. Claudian, "Idyl V", citado por Alfred Still, *Soul of Lodestone: the Background of Magnetical Science*, Murray Hill Books, Nova York, 1946, p. 3.
78. R. Arnaldez, L. Massignon e A. P. Youschkevitch, "La Science Arabe", *in* R. Taton, *op. cit.*, p. 445.

CAPÍTULO 2 O dedo de Deus

Esta pedra traz em si uma semelhança com o céu.

Carta de Pedro Peregrino de Marincourt
8 de agosto de 1269

A Idade Média começa com o declínio e a subsequente queda de Roma diante dos exércitos visigodos invasores, no século V, e dura até a queda de Constantinopla, no século XV. Durante a Idade Média, as fontes relevantes de conhecimento científico foram a Europa Latina, o mundo grego, a China, a Índia, o mundo árabe e a América pré-colombiana. Apenas na Europa Ocidental, no entanto, o empreendimento científico evoluiria em direção a um novo paradigma no século XVII, uma transformação geralmente descrita como a revolução científica.

Do ponto de vista do desenvolvimento científico no Ocidente, a Idade Média pode ser dividida, de uma forma esquemática, em quatro períodos:[1] 1) a idade negra, ou alta Idade Média (séculos V-X); 2) o despertar da Europa e as influências islâmicas (séculos XI-XII); 3) o florescimento das universidades e a idade de ouro da ciência escolástica (século XIII e começo do século XIV); e, finalmente, 4) a interdependência das ciências e das tecnologias (1350-1450).

Os avanços nas ciências e na tecnologia durante a Idade Média foram muito significativos,[2] compreendendo, em primeiro lugar, uma mudança na perspectiva da ciência, com o crescimento da ideia de controle do homem sobre a natureza e a desaprovação quanto a limitar as especulações humanas às fronteiras de um único sistema científico ou filosófico. A Idade Média testemunhou também o renascimento da ideia grega da explicação teórica na ciência e um deslocamento gradual das questões metafísicas das causas para a descrição matemática dos fenômenos.

Nas ciências físicas, um notável progresso resultou das primeiras tentativas (no século XIV) de formular uma teoria do movimento. Entre os importantes desenvolvimentos tecnológicos estão o surgimento de máquinas projetadas para explorar a energia dos rios e a força animal, o relógio mecânico, as lentes de aumento, o astrolábio e o quadrante. São também dignos de registro os avanços na medicina e na cirurgia, na descrição das doenças e da fauna e da flora de diferentes regiões.

Um traço comum no pensamento científico do período é o fato de que as questões propostas pelos estudiosos medievais eram frequentemente interligadas com aquelas da filosofia da ciência;[3] isso permaneceu verdadeiro na ciência praticada até o século XVII e refletia a busca de um novo paradigma científico.

FONTES ÁRABES E CHINESAS

Os árabes iniciaram a expansão do seu império para fora da península Arábica no século VII d.C. No auge, em meados do século VIII, o império estendia-se da Espanha à Índia. A capital era Bagdá, fundada em 762 pelo califa al-Mansur (*c.* 709/714-775 d.C.), da dinastia Abássida, no sítio de uma antiga vila persa. Bagdá alcançou um elevado nível de desenvolvimento nos anos seguintes, chegando a ser considerada a mais rica cidade do mundo entre os séculos VIII e IX.

No século VII, o profeta Maomé (570-632 d.C.) fundou o islã como uma nova religião, com um Deus onipotente e onisciente (Alá). Os ensinamentos do livro sagrado do islã, o *Qur'am* (ou *Alcorão*, que em árabe significa leitura ou recitação), que teria sido revelado por Deus a Maomé, valorizavam a medicina e o conhecimento em geral, um fator que ajudou o desenvolvimento das ciências no mundo árabe. Os estudiosos árabes foram particularmente frutíferos nas pesquisas em astronomia, produzindo mapas muito precisos sobre a posição das estrelas e dos planetas. Desenvolveram a matemática, especialmente a trigonometria e a álgebra, e criaram a palavra, do árabe *al-jabr*, que significa "restaurar", do ato de equilibrar os dois lados de uma equação. Foram responsáveis pela importação, no século VII, dos numerais indianos, universalmente adotados mais tarde e símbolos usados atualmente, conhecidos como algarismos arábicos. Foram ainda os primeiros a usar o zero na notação posicional, como se emprega até hoje.

As contribuições originais dos árabes algumas vezes são subestimadas diante do seu importante papel de preservar e tornar disponível aos pensadores ocidentais da Idade Média as obras dos filósofos e cientistas gregos. Esse esforço para salvar manuscritos antigos na verdade começou muito antes do florescimento da ciência árabe, quando estudiosos tomaram medidas para preservar textos valiosos antes da destruição da biblioteca e do museu em Alexandria, no século V. Mais tarde, em importantes centros árabes de estudo, especialmente em Bagdá e Córdoba, programas sistemáticos de tradução de obras gregas foram levados a cabo. Os estudiosos árabes não apenas traduziram os textos clássicos, mas fizeram acréscimos e comentários que aumentaram em muito o seu valor. Sob os árabes, pela primeira vez a ciência teve caráter universal, graças à expansão do mundo árabe em meados do século VIII, da península Ibérica ao subcontinente indiano, favorecida pelas forças unificadoras da religião e da língua comuns.[4]

A maior contribuição à física dos estudiosos árabes foi a obra de ibn al-Haytham (conhecido no Ocidente como Alhazen), nascido em Basra, Iraque, em 965. Ele trabalhou na biblioteca do Cairo, durante o reinado do califa al-Hakin. Escreveu um tratado chamado *Tesouro de óptica* (*Kitab al-manazer*) e deu importantes passos para o entendimento dos fenômenos ópticos. Rejeitava a imagem grega tradicional da luz emitida pelos olhos, usou o conceito de "raios de luz" que se propagavam em linha reta e interpretou corretamente que a refração da luz numa fronteira entre dois meios transparentes ocorria devido à diferença de velocidade de propagação nos dois meios.[5]

As referências ao magnetismo não são muito comuns entre os autores árabes; o primeiro texto sobre a bússola magnética por um autor árabe (escrevendo em persa) continha histórias compiladas por Muhammad al-Awfa (*c.* 1230), no *Jami al-Hikayat*, publicado em torno de 1232. Em 1282, Bailak al-Qabajaqa, do Cairo, foi o primeiro a escrever em árabe sobre o uso da bússola magnética na navegação. No tratado de Tayfashi (século XIII), a existência de dois polos do magneto é registrada, assim como sua propriedade de indicar a direção.[6] Os navegadores árabes podem ter usado a bússola já no século XI.[7]

Na China, a existência de polos e o fato de que o norte magnético não coincide com o norte geográfico eram conhecidos em torno dos séculos VIII e IX. Esta última discrepância seria descoberta no Ocidente apenas sete séculos mais tarde. A diferença de direção entre a linha geográfica norte-sul (o meridiano) e a direção da bússola é chamada declinação magnética. Ela se origina do fato de que, embora a agulha da bússola aponte aproximadamente na direção norte-sul, os polos magnéticos da Terra não estão precisamente localizados nos correspondentes polos geográficos, que são os pontos que marcam na superfície da Terra o eixo de rotação do planeta. A posição dos polos magnéticos na superfície do planeta variou ao longo das eras geológicas, e de fato os polos norte e sul magnéticos inverteram-se diversas vezes, em média uma vez a cada 280 mil anos nos últimos seis milhões de anos.[8] Esse efeito não é completamente compreendido; voltaremos ao tema do magnetismo terrestre no Capítulo 6.

O tratado chinês de tecnologia militar *Wu Ching Tsung Yao* (coleção das mais importantes técnicas militares), de 1044 d.C., continha uma descrição da preparação de uma bússola com uma agulha magnética flutuante que não necessitava, para ser magnetizada, de contato com a pedra-ímã. Ele explica:[9]

> O método da carruagem não é mais conhecido, mas, no método do peixe, uma fina folha de ferro é cortada na forma de um peixe com duas polegadas de comprimento e meia polegada de largura, com uma cabeça e uma cauda pontudas. Esse é então aquecido num fogo de carvão e, quando estiver vermelho rubro, é retirado segurando-o pela cabeça

> com uma pinça de ferro e colocado de tal modo que a cauda aponte para o norte. Nessa posição, é resfriado bruscamente com água em uma bacia, de modo que a cauda permaneça submersa por vários décimos de polegada. É então mantido numa caixa bem fechada. Para usá-lo, um pequeno vaso cheio de água é arranjado num local sem vento, e o peixe é pousado o mais paralelamente possível na superfície da água, de modo a flutuar, e então ele apontará para o sul.

O método de magnetizar a agulha baseia-se no fato de que um pedaço de ferro resfriado em um campo magnético — nesse caso o campo da Terra — retém uma certa magnetização, chamada de remanente. Isso acontece porque a maioria das pequenas regiões magnéticas no metal (os domínios), formadas enquanto ele se resfria, é orientada na direção do campo aplicado, retendo uma magnetização resultante (esse efeito será discutido com mais detalhe no capítulo 5).

MAGNETISMO E A BÚSSOLA NA EUROPA

A difusão do conhecimento científico na Europa durante o início da Idade Média deveu muito a obras de caráter enciclopédico, tais como a *História natural*, de Plínio, o Velho, as *Etymologies*, de Isidoro de Sevilha (560-636), e a *Geometria de Boethius*, por Anicius Manlius Severinus Boethius (*c.* 480-*c.* 525). Essas obras, embora muito valiosas, são, em larga medida, compilações de conhecimento anterior. Foram seguidas pelos trabalhos do venerável São Bede (673-735), de Alcuin de York (735-804) e de Hrabanus Maurus (776-856), cada um transcrevendo muito do material de seus predecessores. No fim do século X, um notável estudioso do Ocidente cristão foi Gerbert de Aurillac (*c.* 945-1003), que escreveu o tratado lógico *De rationali et de ratione uti* (Sobre o racional e o uso da razão) e tornou-se o primeiro papa francês, adotando o nome Silvestre II. Ele havia mantido contato com os estudiosos árabes durante uma estada na Espanha e depois disso passou a propagar o uso dos numerais árabes.

Depois do século VI, quando São Benedito da Nórcia (*c.* 480-*c.* 547) fundou o monastério de Monte Cassino, na Itália, a preservação e a difusão do conhecimento científico tiveram lugar nos monastérios e nas escolas associadas. Os monges da ordem, conhecida como beneditina, mantinham grandes bibliotecas e copiavam sistematicamente obras religiosas, filosóficas e também algumas de caráter literário. Nos séculos VIII e IX, foram criadas escolas nas catedrais, por exemplo em York, na Inglaterra, e Orleans, na França. Estas inicialmente foram dedicadas à educação de padres, porém mais tarde passaram a aceitar estudantes leigos. A partir do século XI, quando a Universidade de Bolonha foi criada, até o século XV, um movimento de criação de centros de ensino superior varreu a Europa: estes foram fundados em Oxford (1167), Paris (1170), Salamanca (1218), Pádua (1222), Cambridge (1290), Roma (1303), Florença (1321), Viena (1365), Heidelberg (1386), Saint Andrews (1411) e Uppsala (1477), entre outros. Os novos centros iam se tornar importantes núcleos de conhecimentos avançados em ciências.

Muitos autores ocidentais do início da Idade Média descreveram as propriedades, reais ou lendárias, dos ímãs. Entre esses, podemos nomear o gramático latino Caius Julius Solinus (séculos II e III d.C.) e os teólogos Agostinho (354-430 d.C.) e Isidoro de Sevilha.[10] Mais tarde, o bispo de Rennes, Marbode (1035-1122), no *Liber de Gemmarum* ("Livro sobre as gemas"), ajudou a propagar muitas lendas relacionadas ao uso da pedra-ímã; ele referiu-se ao emprego do magneto para revelar mulheres infiéis — colocando o ímã sob o travesseiro, elas cairiam da cama se a suspeita fosse fundada. Além disso, dizia-se que os ímãs poderiam ser empregados por ladrões para afastar os ocupantes de uma casa[11] e que era possível destruir o poder do ímã esfregando sua superfície com alho ou sangue de bode. Muitos desses usos do ímã foram retirados da *Historia naturalis*, de Plínio, o Velho; a referência ao alho parece ter surgido de um erro de tradução.

Enquanto a aplicação do magnetismo na construção da bússola com agulha magnética foi descrita na China por uma publicação em torno de 1080 d.C., no Ocidente a primeira referência à bússola apareceu cerca de um século depois. A evidência de que se dispõe leva a pensar que a bússola evoluiu independentemente no Oriente e no Ocidente.*

Três autores são considerados os pioneiros no registro do uso da bússola magnética no Ocidente: o inglês Alexander Neckam (1157-1217) e os franceses Guyot de Provins (fl. 1184-1210) e Jacques de Vitry (*c.* 1165-1240), nessa ordem de prioridade cronológica.**

Neckam nasceu em St. Albans, a 32 km a noroeste de Londres, em 1157, e ensinou em Paris e Oxford; ele foi indicado

*J. A. Smith, "Precursors to Peregrinus: the Early History of Magnetism and the Mariner's Compass in Europe", *J. of Medieval History* 18 (1992) 21. Essa é a referência básica usada aqui sobre o trabalho de Peregrinus e seus predecessores.

**Isso é encontrado no artigo de J. A. Smith, que dá argumentos contra datações apresentadas por outros historiadores da ciência.

abade em Cirencester em 1213. É autor de vários livros, entre eles *De nominibus utensilium* (Sobre os nomes das ferramentas) e *De naturis rerum* (Sobre a natureza das coisas), ambos contendo menções à bússola magnética. A referência mais antiga é encontrada no *De nominibus utensilium*, escrito em torno de 1175-1183:[12] em um navio, deve haver

> uma agulha montada num eixo, que oscilará até a ponta indicar o leste [*sic*], e os marinheiros saberão então como dirigir o curso quando a constelação da Ursa Menor for obscurecida pelo [estado] perturbado da atmosfera; pois ela nunca desaparece abaixo do horizonte, devido ao seu pequeno circuito.

Uma segunda menção por Neckam aparece no livro *De naturis rerum*, de 1197-1204:

> Desse modo, os marinheiros cruzando o mar, quando perdem a luz do sol devido aos céus encobertos, ou quando o mundo está envolto na escuridão da noite, e não sabem para que ponto cardeal a direção do navio está apontada, põem a agulha sobre a pedra-ímã; e a agulha gira até, ao cessar o movimento, a ponta voltar-se para o norte.[13]

Neckam relata a velha lenda da estátua de ferro de Maomé suspensa no ar pela ação de ímãs; a mesma história de magnetos sustentando estátuas aparece na *Historia naturalis*, de Plínio, o Velho. Uma lenda semelhante dá conta de que na Índia, no templo do sol de Konarak, no estado de Orissa, existiu uma estátua sustentada por uma grande pedra-ímã montada sob uma abóbada.[14]

Guyot de Provins, padre e menestrel na corte do imperador Frederico I, ou Barbarossa, escreveu *La bible*, um poema satírico provavelmente publicado em 1206, em que usa uma metáfora envolvendo a bússola magnética e em seguida descreve seu uso pelos navegantes. O outro pretendente à prioridade é o historiador e padre Jacques de Vitry, que se refere à bússola no seu livro *Historia Orientalis Hierosolymitana* ("História oriental de Jerusalém"), um texto no qual trabalhou por muitos anos; a parte sobre a bússola parece ter sido escrita em 1204.

Essas referências tratam a bússola magnética como um instrumento conhecido havia algum tempo; a partir desse fato, pode-se tentar datar o surgimento da bússola na Europa em aproximadamente 1150 d.C.[15] Bússolas montadas sobre eixos (montagem seca) e as que flutuam na água (montagem úmida) estão igualmente presentes nessas primeiras referências, o que sugere que teriam surgido na Europa na mesma época.

Autores no início do período medieval frequentemente utilizaram a palavra adamante, do grego *adamas*, "invencível", para descrever a pedra-ímã ou um material muito duro, algumas vezes o diamante; outras, o aço. A fonte da confusão entre esses significados é a incorreta atribuição da origem da palavra do latim *adamare*, ou "ter atração por". Daí *lapide adamanten* tornou-se a pedra que atrai, do qual derivam nas línguas latinas *aimant* (francês), *imán* (espanhol) e ímã, em português.[16]

O filósofo e teólogo francês Guillaume d'Auvergne (também conhecido como William de Auvergne, ou Guilherme de Paris, *c.* 1180-1249), um seguidor de Santo Agostinho, escreveu *Magisterium divinale* (O divino ensinamento), sua obra principal, entre 1223-1240. D'Auvergne era professor em Paris, indicado em torno de 1225, e tornou-se bispo de Paris em 1228. No livro *De universo creaturarem* (Sobre o universo de criaturas), ele discute a forma pela qual o ímã atrai um pedaço de ferro e daí outro pedaço em contato com o primeiro, o fenômeno da "indução" (ver Capítulo 1). Ele é um dos primeiros autores a sugerir que as forças magnéticas também atuam no céu e usa a ideia de indução para explicar como o movimento é transferido a distância, de uma esfera celeste a outra:[17]

> Portanto, o que é tão assombroso se a virtude da vida ou da alma da primeira esfera celestial se transmite à segunda, daí para a terceira e assim por diante até atingir a última esfera móvel, que é a esfera da Lua? Isso não pode produzir o mesmo efeito se não existir entre eles outra conexão entre proximidade e contato, como ocorre no exemplo proposto [isto é, o ímã].

O médico João de Santo Amando (1261-1298) era cônego de Tournai, no sudoeste da Bélgica. Entre os muitos livros que escreveu, o *Expositio sive additio super antidotarium Nicolai* (Um comentário sobre o antidotário de Nicolau de Salerno) contém passagens que antecipam a ideia de que a Terra é um ímã, desenvolvida mais tarde pelo inglês William Gilbert, no fim do século XVI. João de Santo Amando afirma:[18] "Donde eu digo que no ímã existe um traço do mundo, donde existe nele uma parte que tem a propriedade do oeste, outra do leste, outra do sul, outra do norte."

A EPÍSTOLA MAGNÉTICA DAS TRINCHEIRAS

Carlos de Anjou (Carlos I, 1226-1285) e seu irmão, o rei da França Luís IX, participaram da fracassada Cruzada no Egito em 1248-1250. Na década de 1260, Carlos conduziu uma campanha militar na Sicília e na Itália continental, conquistando aquela ilha e Nápoles, ao derrotar o rei Manfredo (*c.* 1232-1266?), da dinastia alemã Hohenstaufen. Em 1269, sitiou e conquistou Lucera, na Apúlia (Puglia), próximo da cidade de Foggia, no calcanhar da bota italiana. Nas trincheiras em torno de Lucera, naquele ano, foi escrita a primeira obra europeia inteiramente dedicada à discussão das propriedades magnéticas da pedra-ímã, a *Epistola de magnete* (Carta sobre o ímã, 1269) (Figura 4), do francês Pierre de Marincourt (n. *c.* 1220), também conhecido pelo nome latino Petrus Peregrinus.[19] Talvez ele tenha recebido o título de peregrino não por ter visitado a Terra Santa ou participado das Cruzadas, como era comum, mas pela atuação naquela campanha militar. O papa Clemente IV (m. 1268), também um francês, tinha declarado os ataques contra os Hohenstaufen cruzadas oficiais, pois os alemães tinham o apoio dos sarracenos, denominação sob a qual os seguidores do islã eram conhecidos na época.

O trabalho de Peregrinus foi escrito sob a forma de uma carta a um soldado, um certo Siger, de Foucaucourt, na Picardia, França. Nessa breve carta, escrita em resposta a perguntas feitas por esse mesmo Siger, Pierre de Marincourt relata algumas propriedades do ímã, descreve alguns experimentos e menciona suas aplicações. A influência da *Epistola* foi muito grande: ela foi citada por muitos livros, tais como o *De magnete* (Sobre o ímã, de 1600), de William Gilbert, *Magnes, sives de arte magnetica* (O ímã, ou sobre a arte magnética, de 1641), de Athanasius Kircher (*c.* 1602-1680), e plagiado em *De natura magnetis* (Sobre a natureza do ímã de 1562), de Jean Taisnier.[20] Existem pelo menos 31 versões manuscritas conhecidas da *Epistola*.[21]

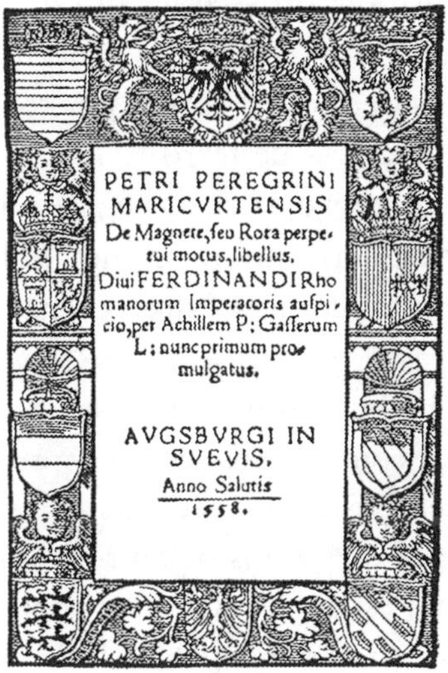

Figura 4 Folha de rosto da *Epistola de magnete* (1269), do francês Pedro Peregrino (n. *c.* 1220), em uma edição de 1558 (cortesia do Museu Bakken).

Muito pouco se conhece sobre Pierre de Marincourt. Na época da carta ele era, muito provavelmente, um engenheiro no exército; possivelmente veio da cidade de Méharicourt, na Picardia, uma província correspondente aproximadamente à atual região de mesmo nome no norte do país. Parecia estar principalmente interessado em projetar e construir instrumentos científicos; ele anuncia a *Epistola* como "parte de um trabalho sobre a construção de instrumentos filosóficos (científicos)".[22] Menciona ainda outro livro sobre a ação dos espelhos, o qual estava escrevendo ou pretendia escrever.

"A revelação das propriedades ocultas dessa pedra é como a arte de um escultor, por meio da qual ele torna realidade imagens e selos", escreve Pierre de Marincourt na primeira parte do trabalho. Ele prossegue com uma lista de propriedades físicas que caracterizam os espécimes de pedra-ímã: cor, homogeneidade, peso e força; por força ele se refere ao poder de atrair pedaços de ferro.

Marincourt descreve as duas regiões da pedra-ímã com atração magnética mais intensa como "polos" e escolhe essa denominação em analogia à esfera celeste:[23]

> Gostaria de lhe informar que essa pedra traz em si uma semelhança com os céus, como em seguida demonstrarei claramente. Existem no céu dois pontos que são mais importantes do que todos os outros, pois sobre eles, como eixos, gira a esfera celeste: esses pontos são chamados de polo ártico, ou Norte, e polo antártico, ou Sul.

Ele se refere aos polos celestes, não à estrela polar, pois sabia que essa não está situada exatamente no polo Norte celeste. A associação que Peregrinus faz entre as propriedades da pedra-ímã e o céu estava de acordo com a filosofia escolástica ou, mais especificamente, com o pensamento do seu contemporâneo São Tomás de Aquino (1224/25-1274), o maior filósofo da Idade Média cristã, que também atribuía os efeitos do ímã ao *virtus coeli*, o "poder do céu".[24]

Peregrinus discute como uma pedra-ímã, quebrada em dois pedaços, exibe dois pares de polos; como um pedaço de ferro torna-se magnético após tocar uma pedra-ímã; como dois polos iguais são repelidos e polos opostos, atraídos. Embora outros autores já tivessem descrito a repulsão magnética, a associação dessa à igualdade dos polos é feita aqui pela primeira vez.

A propriedade da pedra-ímã de alinhar-se na direção norte-sul já era conhecida; essa é uma propriedade notável, impossível — evidentemente — de ser prevista com o conhecimento dos fenômenos naturais de que se dispunha na época. Por que as pedras que atraíam pedaços de ferro teriam alguma coisa a ver com os pontos cardeais na superfície da Terra? Quando se considera atentamente esse fato extraordinário, pode-se entender por que o físico britânico John Desmond Bernal (1901-1971) considerava essa a maior descoberta da história da física.[25] Equipado com o conhecimento dessa propriedade, Peregrinus vai adiante, mostrando como fazer uma bússola flutuante com uma escala de 360°: esse instrumento é considerado a primeira bússola com uma escala dividida adequadamente.[26] Ele também descreveu, além dessa bússola úmida, uma bússola seca, isto é, uma bússola cujo eixo gira sobre pivôs (Figura 5).

Peregrinus foi o primeiro a tornear uma pedra-ímã; cortou-a como uma esfera, mas não chegou a fazer a analogia do ímã esférico com o planeta Terra. Como o ímã parecia estar relacionado de alguma forma ao céu, ele acreditava (erroneamente) que uma pedra-ímã apontada para o polo celeste, se estivesse livre para girar, o faria continuamente, seguindo o movimento das estrelas no céu. Tal pedra-ímã completaria então uma volta em 24 horas e poderia ser usada como um relógio.

Ele rejeitava a ideia de que a pedra-ímã tendia a apontar para os polos devido à presença de rochas magnéticas nos polos da Terra. Argumentava que se isso fosse verdade, como existem minas de ferro em muitos lugares do mundo, a bússola apontaria em direções completamente diferentes nos diversos pontos da Terra.

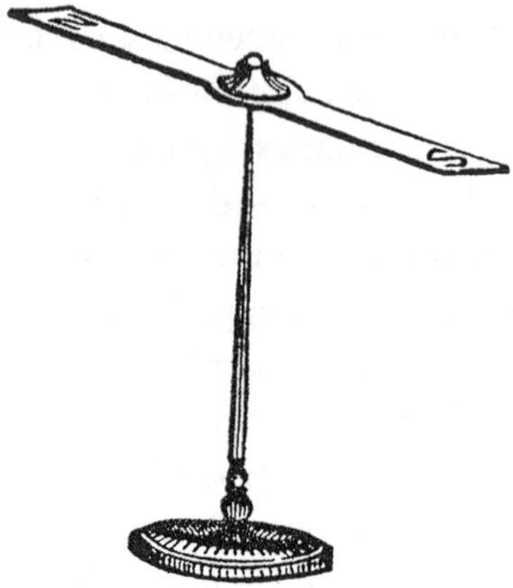

Figura 5 Agulha de bússola montada sobre um pivô ("montagem seca").

Na última parte da sua *Epistola*, Peregrinus mostrou o projeto de um moto-perpétuo baseado na atração e na repulsão magnéticas. Para justificar sua proposta, afirmava:[27]

> Tenho visto muitas pessoas que se ocupam em vão e até mesmo se cansam em seus esforços para inventar tal roda. Mas essas invariavelmente se esquecem de notar que por meio da virtude ou do poder da pedra-ímã todas as dificuldades poderiam ser superadas.

Nesse projeto, ele fazia com que os dentes de uma roda dentada fossem atraídos por uma pedra-ímã; à medida que essa se aproximava de cada dente, fazia girar um eixo. Esse modelo para um moto-perpétuo, embora condenado ao fracasso como todos os outros, pode ter sido a primeira tentativa de projetar tal máquina baseando-se em premissas científicas.[28]

No seu *Opus tertium* (terceira obra), escrito em 1267, o filósofo inglês Roger Bacon (1214-1294) faz uma referência elogiosa a um pesquisador que é "um mestre dos experimentos [*dominus experimentorum*]". "Conheço apenas uma pessoa que merece ser enaltecida nos trabalhos nessa ciência", acrescenta em outra passagem, referindo-se ao uso de espelhos para produzir fogo.[29] Em anotações feitas na margem do texto, essa pessoa foi identificada como Pierre de Marincourt; no entanto, a autenticidade dessa atribuição não foi confirmada, pois esses comentários possivelmente foram acrescentados por um escriba.[30] Nessas notas, o trabalho de Peregrinus é valorizado também por seu método, especialmente pela importância atribuída aos experimentos.

A principal importância da *Epistola* reside no fato de que consiste na primeira sistematização dos fenômenos do magnetismo a ser publicada e que o seu conteúdo em geral foi baseado na evidência experimental; no entanto, ela continha muito pouco em termos de novos conhecimentos.[31]

No século XIV, o uso da bússola estava bem difundido, e o fenômeno da atração magnética estava estabelecido como uma imagem poderosa. Isso pode ser exemplificado pelo poder de atração da voz de São João Boaventura, no verso do Canto XII, Paraíso, da *Divina comédia*, escrita pelo grande poeta italiano Dante Alighieri (1265-1321) nas primeiras décadas do século:* "Do fundo do coração de uma das novas luzes/ Veio uma voz, aquela agulha para a estrela/ Fez-me aparecer girando naquela direção."

*No italiano original:
"*Del cor de l'una de le luci nove si mosse voce,*
che l'ago a la stella
parer mi fece in volgermi al suo dove."

No século XV, Nicolau de Cusa (Nicolaus Cusaneus, 1401-1464), em *Exercitationes*, compara Cristo a uma bússola, afirmando que ambos mostram o caminho aos homens e derivam seu poder do céu.[32]

MARAVILHOSA É A PEDRA-ÍMÃ

Em 1558, Giovanni Battista (ou Giambattista) della Porta (1535-1615), pesquisador napolitano e teatrólogo, publicou a primeira edição de *Magia naturalis* (Magia natural), contendo uma mistura de fatos naturais, astrologia e conhecimento prático. A segunda versão, ampliada, apareceu em 1589, incorporando mais fatos científicos e incluindo experimentos com a pedra-ímã. Della Porta foi o primeiro a propor uma forma de medir a força de um ímã, usando uma balança. A força exercida sobre um pedaço de ferro era compensada por um peso sobre um outro prato da balança, e esse peso era a medida da atração da pedra-ímã. Della Porta foi ainda um precursor ao fundar a primeira associação para o estudo de temas científicos, a Academia Secretorum Naturae (Academia dos Segredos da Natureza); seus membros se chamavam *Otiosi* (Ociosos). A Academia foi seguida pela fundação em Roma da Accademia dei Lincei (Academia dos Olhos de Lince), a primeira sociedade científica verdadeira, em 1603. Galileu Galilei era um dos seus membros.

Robert Norman (fl. 1590), construtor inglês de instrumentos, publicou em Londres *The New Attractive*, em 1581 (Figura 6); o livro, sobre magnetismo, foi reimpresso três vezes antes do fim do século. Norman tinha sido marinheiro por 20 anos e estava bem familiarizado com o uso prático da bússola, sobre a qual escreveu:[33]

Eu guio o curso do Piloto,
Seu auxiliar prestimoso eu sou,
O Marinheiro se deleita comigo,
E também o Mercador.

A pedra-ímã é a pedra,
A única e exclusiva pedra,
Merecedora de louvor acima das outras,
Cujas virtudes são desconhecidas.

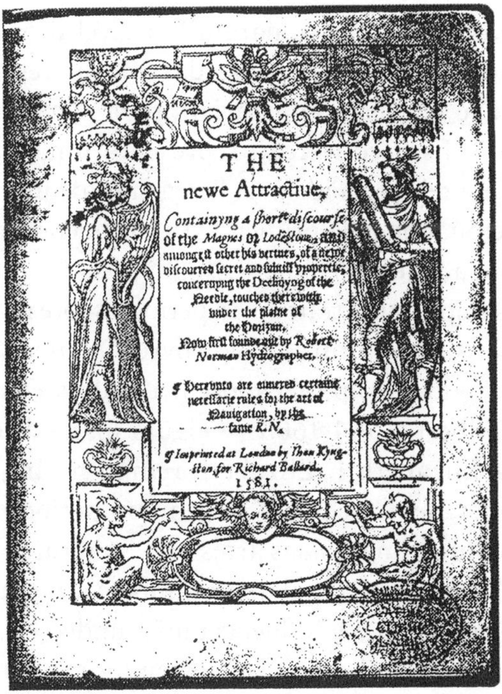
THE
newe Attractiue,
Containyng a short discourse of the Magnes or Lodestone, and amongest other his vertues, of a newe discouered secret and subtill propertie, concernyng the Declinyng of the Needle, touched therewith under the plaine of the Horizon.
Now first founde out by Robert Norman Hydrographer.
Hereunto are annexed certaine necessarie rules for the art of Nauigation, by the same R. N.
Imprinted at London by Thon Kyngston, for Richard Ballard.
1581.

Figura 6 Folha de rosto do *The New Attractive* (1581), do navegador e fabricante de instrumentos Robert Norman (fl. 1590) (cortesia do Museu Bakken).

No prefácio, Norman promete basear seus argumentos "sobre a experiência, as razões e as demonstrações".[34] Ele descreveu a inclinação magnética, ou a inclinação da bússola em relação à horizontal, que havia descoberto em 1576. Em suas palavras: "(...) uma nova e sutil propriedade descoberta que concerne ao declínio da agulha que foi tocada abaixo do plano do horizonte."[35] Esse efeito da inclinação em relação ao plano horizontal já havia sido visto antes, pelo construtor de instrumentos alemão Georg Hartmann (1489-1564), em 1544.

Norman fez muitos experimentos com bússolas, e suas descobertas lhe proporcionaram "incrível deleite". Achava que todas as bússolas colocadas em diferentes lugares da superfície da Terra apontariam para o mesmo "ponto respectivo". Essa convicção representa uma importante mudança em relação à ideia de Peregrinus de um "poder do céu", relacionando pela primeira vez a influência do planeta Terra sobre a agulha magnética.

O mais importante tratado do período sobre magnetismo, e por muitos anos futuros, foi o livro *De magnete* (Sobre o ímã — Figura 7), publicado em Londres em 1600 por William Gilbert (1544-1603 — Figura 8), médico da corte da rainha Elizabeth I. Elizabeth reinou na Inglaterra na segunda metade do século XVI, em um período caracterizado pelo florescimento das artes e da literatura. Durante o período elizabetano, a Inglaterra também atingiu seu zênite em poder econômico e influência no mundo.

A Londres elizabetana foi testemunha, aproximadamente na mesma época em que o *De magnete* foi publicado, da primeira apresentação de *Hamlet* (1600 ou 1601), uma das maiores criações do teatrólogo e poeta William Shakespeare (1564-1616). As palavras de outro personagem

GVILIELMI GIL-
BERTI COLCESTREN-
SIS, MEDICI LONDI-
NENSIS,

DE MAGNETE, MAGNETI-
CISQVE CORPORIBVS, ET DE MAG-
no magnete tellure; Physiologia noua,
plurimis & argumentis, & expe-
rimentis demonstrata.

LONDINI
EXCVDEBAT PETRVS SHORT ANNO
MDC.

Figura 7 Folha de rosto do *De magnete* (Sobre o ímã)(1600), de William Gilbert (1544-1603), o primeiro tratado de magnetismo (cortesia do Museu Bakken).

Figura 8 William Gilbert (1544-1603), médico e pesquisador inglês, autor do *De magnete* (1600).

de Shakespeare, John Gaunt, duque de Lancaster, tio de Ricardo II, da peça que recebe o nome do rei deposto, são apropriadas para descrever a Inglaterra nesse período de glória:* "O trono real de soberanos, a ilha com um cetro/ A terra da majestade, o assento de Marte/. Esse outro Éden, semiparaíso".

William Gilbert nasceu em Colchester (Essex), nordeste de Londres. Estudou em Cambridge, onde obteve o bacharelado em 1561, graduando-se em medicina em 1569. Foi um experimentalista talentoso e dedicou-se ao estudo dos fenômenos elétricos e magnéticos; criou a palavra "elétrico", de *elektron,* "âmbar" em grego. Foi indicado presidente do Real Colégio de Médicos e tornou-se médico pessoal da rainha Elizabeth I em 1600. Além de *De magnete*, escreveu outro livro sobre cosmologia, *De mundo* (Sobre o mundo, 1651), publicado postumamente em Amsterdã por seu meio-irmão, que havia coletado seus trabalhos científicos.

Seu livro mais importante é o *De magnete,*** que representa um grande marco na revolução[36] das atitudes em relação à natureza e às ciências, ocorrida nos séculos XVI e XVII. Gilbert criou um impecável tratado de magnetismo, mas sua meta era ainda mais ambiciosa: esperava inaugurar uma cosmologia, na qual o magnetismo teria um papel central, chamada filosofia da natureza — ou fisiologia.

*William Shakespeare, *Ricardo II*, ato 2, cena 1.
**O título completo é *De magneticisque corporibus et de Magno Magnete Tellure physiologia nova* (Sobre o ímã e corpos magnéticos e sobre a Nova fisiologia daquele grande ímã da Terra).

A obra, escrita em latim, foi dividida em seis livros. No prefácio, ele anuncia, para não deixar dúvidas em relação à sua adesão à ciência experimental, que a obra é dedicada àqueles "que buscam o conhecimento não nos livros, mas nas coisas".[37] Nos primeiros capítulos do Livro I, Gilbert faz uma revisão crítica dos escritos sobre magnetismo, condenando os mitos que eram passados sem crítica de um autor para o outro, histórias que não sobreviveriam aos testes empíricos, "invenções e falsidades (...) servidas à humanidade para serem engolidas".[38] Entre essas "falsidades" enumera as histórias que falam de navios feitos com cavilhas de madeira em lugar de pregos para evitar o poder da atração magnética de algumas montanhas do norte, a destruição do magnetismo pelo contato com o alho, histórias sobre o uso de ímãs para revelar mulheres infiéis e assim por diante. Retorna a esses e outros mitos no Livro II, no qual descreve fábulas tais como aquela mencionada por Plínio, o Velho, e pelo bispo dominicano e filósofo Albertus Magnus (1200-1280), que acreditavam em rochas que atraíam carne e madeira, ou outros que falavam de rochas que tinham o poder de atrair ouro.[39] Também argumenta contra a ideia de se construírem motos-perpétuos com ímãs, como tinha sido sugerido por Peregrinus e outros.

O inglês fez muitos experimentos com uma pedra-ímã torneada de forma esférica, e como representava um modelo da Terra, chamou-a de *terrella*, ou pequena Terra, um precursor dos modelos experimentais em escala (Figura 9). Gilbert descreveu como os polos da *terrella* poderiam ser determinados seguindo o mesmo método

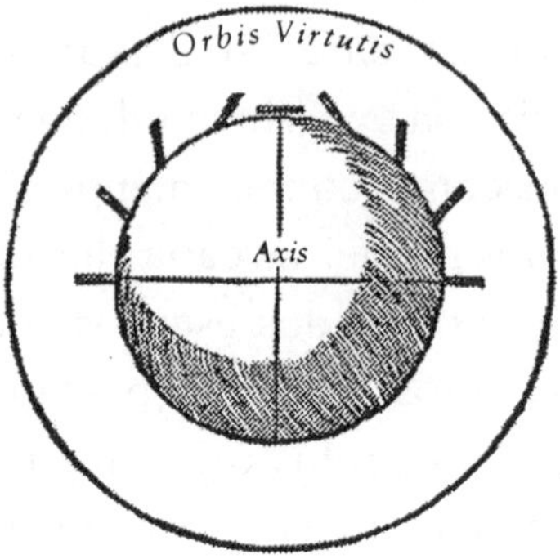

Figura 9 Desenho de uma *terrella* com bússolas em diferentes pontos da superfície, mostrando o efeito da inclinação, ilustração do *De magnete* (1600) (cortesia do Museu Bakken).

encontrado no texto de Peregrinus. Experimentou com uma pedra-ímã, mostrando que ao se dividir um ímã ao meio, surgem dois ímãs; provou que a pedra-ímã não atraía outros metais além do ferro e que não afetava madeira, vidro nem osso.

O autor de *De magnete* comparou o alinhamento da bússola na direção norte-sul com o fato de o eixo de rotação da Terra manter-se no espaço em uma mesma direção (se desprezarmos outros movimento, tais como a precessão e a nutação): "Como a Terra, a pedra-ímã tem o poder da direção e de permanecer sempre no norte e sul; tem também um movimento circular em relação à posição do planeta, de tal modo que se ajusta à lei da Terra."[40]

Para ele, existiria um vínculo entre o magnetismo da Terra e o magnetismo da pedra-ímã extraída das minas: "Assim, todo fragmento separado da Terra exibe em experimentos indubitáveis todo o ímpeto da matéria magnética;

em seus vários movimentos, ela segue o globo terrestre e o princípio comum de movimento."[41] "E, no entanto, a pedra-ímã e todos os corpos magnéticos — não apenas a pedra, mas toda matéria homogênea — parecem conter dentro deles a potência do núcleo da Terra e das suas mais internas vísceras (...)."[42]

No Livro III, Gilbert discute vários fenômenos relacionados com o magnetismo, sob a denominação genérica de "movimentos", que são: 1) Atração, que chama de coição (do latim *co + ire*, "ir junto"); 2) O alinhamento com a direção norte-sul, 3) Declinação, ou desvio do meridiano, que caracteriza como um movimento "pervertido"; 4) Inclinação abaixo do plano horizontal; e 5) Revolução, ou movimento circular.[43]

No mesmo Livro II, são descritos fenômenos elétricos, fazendo com que *De magnete* seja o primeiro tratado publicado sobre eletricidade. Começa com as propriedades do âmbar; todos os materiais que atraem palha quando atritados são chamados de "elétricos"; os outros são "não elétricos". De acordo com Duane H. Roller, autor de um estudo sobre *De magnete*, com o estabelecimento dessa divisão, Gilbert separou fenômenos magnéticos e elétricos, que coexistiam, como efeitos relacionados com *atração*. Com essa separação, fundou a ciência da eletricidade.[44]

No *De magnete*, a atração elétrica é demonstrada experimentalmente por meio do efeito sobre uma agulha (não uma agulha magnética) montada sobre um eixo, um instrumento simples conhecido como *versorium*. Gilbert observou que essa atração de origem elétrica é reduzida em tempo nublado ou quando o objeto é exposto à "umidade da boca". O que tinha provado é, em termos modernos, que a umidade reduz o isolamento de um objeto, permitindo que as cargas elétricas fluam, descarregando-o, portanto.

Gilbert tendia a acreditar que a explicação para a atração elétrica se devia a algum tipo de emissão material pelo âmbar: "Portanto, é provável que o âmbar exale algo peculiar que atrai os próprios corpos, mas não o ar."[45] Ele prova que o ar interveniente não participa do fenômeno, demonstrando que a chama de uma vela não é afetada pela proximidade com o âmbar que atrai.[46] E critica tentativas anteriores de Epicuro, Platão, Galeno e outros de explicar a atração magnética usando a mesma ideia de *eflúvios*; para ele, a atração magnética (ou melhor, a *coição*) resultaria da ação mútua da pedra-ímã e do ferro.[47]

Também demonstra, por meio de experiências, que o calor destrói momentaneamente as propriedades magnéticas dos objetos que anteriormente eram atraídos por um ímã: uma agulha magnetizada permanece imóvel próxima a um pedaço de ferro incandescente e o mesmo pedaço de ferro tem suas propriedades magnéticas restauradas ao esfriar.

William Gilbert faz experimentos com pedras-ímã de diferentes formas e conclui que as oblongas exercem uma atração mais intensa do que as esféricas. Ele divide a pedra-ímã em duas partes e descobre que "se os corpos magnéticos são divididos, ou quebrados de alguma forma, cada uma das partes tem uma extremidade norte e uma extremidade sul";[48] juntando novamente as duas metades de uma pedra-ímã esférica cortada ao longo de um paralelo restabelece-se o ímã original, com os polos nos locais originais.

O físico inglês refere-se à propriedade do espaço em torno da pedra-ímã: em termos modernos, nós o chamaríamos de campo magnético; ele chamava de *orbis virtutis*. Descobre que inserir madeira, cerâmica ou mármore entre o ímã e o ferro não interfere na atração; apenas uma placa de ferro pode afetar a influência da força magnética. Em seus estudos, nota ainda que o efeito magnético da pedra-ímã se reduz à medida que a distância aumenta.

Além disso, discute longamente uma das propriedades magnéticas mais importantes dos corpos magnetizados — sua tendência ao alinhamento na direção norte-sul:

> Uma pequena barra de ferro — essa alma da bússola dos marinheiros, este maravilhoso diretor nas viagens marítimas, por assim dizer, esse dedo de Deus — aponta o caminho e tornou conhecido todo o círculo da Terra, inexplorado por tão longas eras.[49]

E mais: "(...) nenhuma invenção das artes humanas foi tão útil para a humanidade."[50] Ele desafia os autores que alegavam que a bússola apontava para os polos celestes, ou para a cauda da ursa na constelação da Ursa Maior. Contesta ainda a crença de que por simetria com o que acontece no hemisfério norte, a bússola, em terras ao sul do equador, apontaria a mesma extremidade para o polo sul.

Os experimentos de Gilbert demonstraram que uma agulha magnética flutuante não é atraída como um todo para o polo, repetindo as experiências e as conclusões de Robert Norman. Nas palavras de Gilbert,[51] "a direção não é resultante da atração, mas de um poder que dispõe e converte, que existe na terra como um todo (...)". Em termos modernos, esse fato pode ser explicado como um efeito resultante da ação de duas forças iguais aplicadas em diferentes pontos (os polos da agulha magnética), que giram a agulha, mas não movem o centro de massa da bússola.

Ele considerou diversas circunstâncias nas quais o ferro é magnetizado naturalmente devido à influência da Terra. Por exemplo, resfriando um pedaço de ferro incandescente alinhado na direção norte-sul; martelando ou esticando uma barra de ferro na mesma direção. O mesmo fenômeno é observado em um pedaço de ferro que é parte da estrutura de uma construção, se mantido ao longo da direção norte-sul por muitos anos.

No *De magnete*, Gilbert estudou o fenômeno da declinação, ou desvio da bússola da verdadeira direção norte-sul, experimentando com a *terrella*. Provou que uma bússola próxima à *terrella* apresentava desvios quando havia grandes irregularidades em sua superfície; a mesma ideia deveria ser válida para a Terra, argumenta. Novamente usando a *terrella*, demonstra que a agulha da bússola fica paralela à superfície da pedra-ímã quando mantida próxima do equador magnético e perpendicular à superfície nos polos. Esse desvio em relação ao plano paralelo à superfície (ou direção horizontal) — a inclinação magnética — tem desse modo uma bela explicação. O ângulo formado entre a agulha e a horizontal, nas latitudes intermediárias, tem um valor entre zero e 90 graus (Figura 9).

Em outro experimento, Gilbert moveu a agulha magnética para longe da *terrella* e registrou as direções da agulha em cada ponto. A figura representando as direções escolhidas pela agulha localizada em círculos de diferentes raios é uma antecipação aproximada das imagens das linhas de campo *magnético* obtidas por Michael Faraday usando limalha de ferro, mais de 200 anos depois. Em um notável comentário sobre a natureza abstrata desse conceito, que chamaríamos hoje de linhas de campo, Gilbert escreve: "(...) e, portanto, as esferas são magnéticas e, no entanto, não são esferas reais que existam independentemente."[52]

A rotação da Terra é relacionada de muitas maneiras ao magnetismo, de acordo com Gilbert, que trata dessa questão extensamente no Livro IV. Ele discute ainda a aplicação do magnetismo a diferentes questões, a sua "filosofia magnética", ou cosmologia. "As causas do movimento diurno devem ser encontradas na energia magnética e na aliança dos corpos",[53] explica, "(...) produzidas em parte pela energia da propriedade magnética e em parte pela superioridade do Sol e da sua luz."[54]

Gilbert rejeita a crença aristotélica de que a Terra permaneceria imóvel no centro do universo. Argumenta que a aparente rotação das estrelas é devida à da Terra: "Está mais de acordo com a razão que o corpo menor, a Terra, deva fazer uma rotação diária, do que a ideia de que todo o universo seja arremessado em torno dela."[55] Sem essa rotação, um lado da Terra congelaria no frio intenso, enquanto o outro seria queimado, tornando a vida no planeta impossível.[56] Gilbert reconhecia ainda a importância do ângulo entre o eixo de rotação da Terra e a linha perpendicular ao plano que contém o planeta e o Sol; se esse ângulo fosse nulo, não existiriam as estações do ano.[57] Também está ciente de que o eixo da Terra, na verdade, não aponta ao longo de uma direção fixa, mas gira, em um movimento lento chamado de precessão dos equinócios.[58]

Os nomes dos polos da bússola magnética usados por Gilbert seguem uma convenção diferente da adotada atualmente. Hoje designamos como "norte" o polo da bússola que aponta para o polo norte da Terra — Gilbert o chamava de "Sul". O resultado é que a nomenclatura em uso atualmente indica que o polo magnético da Terra no hemisfério norte é de fato um polo sul magnético.

No Livro IV, Gilbert discute a declinação, que ele atribui a irregularidades na superfície da Terra, não a montanhas magnéticas, como frequentemente se supunha na época;[59] ele acreditava ter demonstrado esse efeito com uma *terrella* que apresentava uma depressão em sua superfície.[60] A explicação adotada atualmente é mais complexa e se relaciona com os mecanismos que atuam no núcleo da Terra e que dão lugar às propriedades magnéticas do planeta (ver Capítulo 6).

Algumas das ideias de Gilbert despertaram oposição de autores contemporâneos; por exemplo, o jesuíta erudito Athanasius Kircher (1601-1680), um oponente da teoria heliocêntrica de Copérnico (enunciada em 1543), não aceitou a relação que Gilbert fez entre a Terra e o ímã. Achava que se isso fosse verdade, a atração magnética seria tão intensa que os homens não poderiam usar ferramentas de ferro. Em seu livro *Magnes, sives de arte magnetica* ("O ímã, ou sobre a arte magnética", 1641), qualificou a opinião de Gilbert como "*absurda, indigna et intolerabilis*".[61]

Gilbert apresentou ainda uma teoria sobre a origem do ferro, que surgiria de um único elemento — "terra"; as propriedades metálicas do ferro eram produzidas por "exalações" úmidas. Embora usasse esses termos aristotélicos, atribuía a eles um significado diferente.[62] Além disso, considerava o ferro, mais do que a prata ou o ouro, o metal perfeito, ou o "principal dentre os metais". Isso se justificaria tanto em termos da sua teoria dos metais, pois o ferro é "terra na sua própria natureza verdadeira e genuína", quanto pelos usos incontáveis do metal. Aqui temos um interessante exemplo no qual a função social dos metais incide sobre a discussão da mineralogia ou da química.[63]

Em sua visão do universo, Gilbert rejeita a existência de esferas rígidas em que as estrelas e os planetas estariam contidos; está implícito na sua análise, e evidente no diagrama que apresenta em seu livro posterior, *De mundo** (1651),[64] que o universo é finito. Ao estender a força motriz magnética a outros corpos celestes além da Terra, Gilbert transcende os limites entre as esferas sublunar e superlunar, produzindo uma "física unificada", com leis válidas para todo o universo.[65] Isso é aparente, por exemplo, quando ele abandona a ideia de "peso", considerando-a algo apenas relacionado com a Terra, mantendo que "os corpos lunares tendem à Lua e os solares, ao Sol, dentro das respectivas esferas de suas efluências".[66]

A cosmologia de Gilbert não faz uma escolha explícita em favor do sistema solar heliocêntrico, pois ele se refere apenas ao movimento de rotação da Terra, não àquele em torno do Sol. No entanto, sua opção é consistente com o esquema do céu que mais tarde seria apresentado em *De mundo*.

As ideias de Gilbert influenciaram Johannes Kepler (1571-1630), que as considerava um dos três elementos fundamentais para a formulação da sua teoria das órbitas dos planetas, ao lado da hipótese heliocêntrica de Copérnico e dos dados astronômicos de Tycho Brahe (1546-1601).[67] "Se acredito em alguma coisa", escreveu, "depois que o leitor tiver lido o meu livro ficará convencido de que coloquei um telhado celeste sobre a filosofia de Gilbert, o qual construiu o alicerce terrestre."[68]

*Título completo: *De mundo nostro sublunari philosophia nova.*

O *De magnete* de Gilbert representou um passo importante na criação de um novo paradigma para as ciências. Seu uso sistemático do método experimental e sua atitude crítica em relação aos clássicos levaram-no a inovar, estimulando ainda muitos outros autores. O *De magnete*, no entanto, tinha uma linguagem algo arcaica em muitas passagens. Por exemplo, em alguns lugares se vê uma inclinação animística: "Maravilhosa é a pedra-ímã, mostrada em muitos experimentos como se fosse animada", escreve Gilbert.[69] Existem, ainda, referências que exprimem aprovação diante de comentários de filósofos da Antiguidade sobre a existência de uma alma no ímã... e mesmo no próprio mundo. Ele conclui essas referências justificando a famosa observação atribuída a Tales sobre a alma do ímã (ver Capítulo 1). Além dessas passagens sobre as almas, Gilbert frequentemente emprega uma linguagem vitalista quando aborda a resposta aumentada do ferro à atração da pedra-ímã, descrevendo-o como "excitado".[70] Também faltam em *De magnete* proposições quantitativas mais elaboradas, um elemento que ganharia relevância crescente com a evolução do novo método científico.

Apenas 12 anos antes da publicação de *De magnete*, a Invencível Armada espanhola tinha sido derrotada pela Marinha inglesa, um episódio histórico que mudou o mapa político da Europa e no qual os canhões ingleses de ferro fundido tiveram uma importante contribuição. Naquela época, a Inglaterra dominava a técnica de fabricação de tais armas, que substituíram as peças de bronze. Talvez não seja coincidência que o livro de Gilbert tenha sido publicado nesse período, quando a eminência da Inglaterra estava ligada ao domínio das técnicas náuticas e à manufatura do ferro.[71] Foi apontado pelo historiador da ciência alemão Edgar Zilsel que uma alta proporção de *De magnete* trata de mineração e metalurgia, 13% discutem instrumentos náuticos e 12% a navegação em geral.[72]

Após a morte de Gilbert em 1603, presumivelmente durante epidemia da peste negra,[73] seus livros, suas pedras e seus instrumentos foram doados ao Real Colégio de Medicina; infelizmente, perdeu-se tudo quando o colégio foi destruído no Grande Incêndio de Londres, em 1666. Muito foi perdido também com a destruição parcial de Colchester, cidade natal de Gilbert, quando foi sitiada durante a Segunda Guerra Civil, em 1648.[74]

Por sua grande contribuição ao magnetismo, Gilbert foi honrado com a adoção da unidade de força magnetomotriz, análogo magnético da força eletromotriz; um gilbert (símbolo Gi) mede a força magnetomotriz correspondente a 0,75 ampères no Sistema Internacional de Unidades (SI). Nas palavras do grande poeta e dramaturgo inglês John Dryden (1631-1700):[75] "Gilbert viverá até as pedras-ímã deixarem de atrair/ Ou esquadras britânicas temerem o infinito oceano."*

GILBERT E A REVOLUÇÃO CIENTÍFICA

A mudança na atitude científica anunciada por *De magnete* fundiu-se com outras influências e tornou-se parte de uma verdadeira revolução científica, associada aos nomes de

*"*Gilbert shall live, till Load-stones cease to draw, Or British Fleets the boundless ocean awe.*"

René Descartes, Francis Bacon e, acima de tudo, Galileu Galilei.* A transformação da prática científica e da visão de mundo atingiria seu clímax na segunda metade do século XVII, com o físico inglês Isaac Newton (1642-1727).

A primeira precondição para essa revolução foi a crescente tendência à separação entre a teologia e a ciência (*scientia*) próximo ao fim da Idade Média. Até aquele momento, a teologia era um conhecimento que se originava diretamente de Deus e, portanto, era de certeza garantida. O conhecimento natural, por outro lado, era falível, e supunha-se que poderia ser deduzido de princípios gerais.

No início da Idade Média, a teologia era a rainha das ciências, nas palavras de Santo Agostinho (354-430). Ele acreditava que se os filósofos ensinassem qualquer coisa "contrária às nossas Escrituras, isto é, à fé católica, poderíamos, sem nenhuma dúvida, acreditar que seria totalmente falsa e deveríamos de algum modo poder provar isso".[76] A separação gradual entre a teologia e o domínio da ciência, e a sua demarcação, estão especialmente associadas a dois filósofos medievais, o escocês John Duns Scotus (*c.* 1266-1308) e o filósofo inglês e padre franciscano Guilherme de Ockham (*c.* 1284-1349);[77] pode-se dizer que a revolução intelectual que fez nascer o método científico teve suas raízes nos trabalhos dos pensadores medievais.

*O historiador da ciência A. C. Crombie resume a contribuição de Galileu ao método científico com as seguintes palavras: "A contribuição especial que a concepção da ciência de Galileu como uma descrição matemática da realidade o permitiu fazer à metodologia foi libertá-la de uma tendência ao empirismo excessivo, que era o principal defeito da tradição aristotélica, e dar a ela o poder de generalização que estava estritamente ligado aos fatos experimentais, num grau que os neoplatônicos anteriores raramente conseguiam." A. C. Crombie, *Robert Grosseteste and the Origins of Experimental Science 1100-1700*, Clarendon Press, Oxford, 1953, p. 305.

No continente europeu, *De magnete* influenciou muitos autores, especialmente Johannes Kepler e Galileu Galilei. No entanto, a importância do trabalho de William Gilbert foi sentida mais fortemente na Inglaterra, onde ele foi considerado o fundador do método experimental e o introdutor da teoria de Copérnico.[78] Em 1657, o arquiteto e astrônomo Christopher Wren (1632-1723), no seu discurso inaugural como professor titular de astronomia no Gresham College, em Londres, referiu-se a ele como "o pai da nova filosofia".[79]

O astrônomo polonês Nicolau Copérnico (1473-1543) tinha proposto em seu livro *De revolutionibus orbium coelestium* (Sobre as revoluções das esferas celestes), publicado em 1543, que a Terra e os planetas giravam em torno do Sol em órbitas circulares. O fato de as estrelas não mudarem de posição no céu à medida que a Terra girava em torno do Sol foi justificado por Copérnico sob o argumento de que as estrelas estavam muito mais longe do que se pensava até então. A ideia de um universo muito maior, com a Terra removida da posição central privilegiada, teve um grande impacto intelectual, iniciando a revolução científica. Depois de Copérnico ter publicado sua teoria heliocêntrica, a decisão sobre se essa era ou não verdadeira possivelmente se tornou o principal problema científico do fim do século XVI e início do século XVII.[80] A questão ocupou a mente dos maiores pensadores do período, tais como Johannes Kepler, René Descartes e Galileu Galilei.

A revolução científica ganhou *momentum* à medida que os estudiosos começaram a investigar, com uma nova abordagem, o fenômeno do movimento dos corpos. O primeiro passo foi abandonar a atitude dos filósofos gregos, que tratavam do movimento como se fosse uma qualidade essencial dos corpos e não um estado no qual se encontravam em dado instante. A pergunta feita não era mais como definir ou caracterizar a essência do movimento, mas, em lugar disso, como descrever o movimento em termos matemáticos. Essa mudança de ênfase ocorreu em paralelo com avanços na matemática, mais especificamente na geometria, na álgebra e na notação matemática; nas primeiras décadas do século XVII, a álgebra e a aritmética tinham adotado essencialmente a mesma notação em uso atualmente.[81]

Galileu Galilei nasceu em Pisa, em 1564 (Figura 10), onde estudou medicina; depois se tornou professor na Universidade de Pisa e, em 1592, em Pádua. Estudou o problema do movimento dos corpos, distinguindo condições de velocidade uniforme e de movimento acelerado. Fazendo experiências com esferas que rolavam em planos e observando que sobre os planos lisos o movimento continuava com velocidade quase constante, Galileu concluiu que na ausência do atrito a velocidade permaneceria sempre constante. Concluiu: "Essa partícula se moverá ao longo do mesmo plano com um movimento que é uniforme e perpétuo, desde que o plano não tenha limites."[82] Essa foi uma formulação precursora que ficou conhecida como princípio da inércia; nele Galileu representa uma ideia diretamente oposta à concepção aristotélica de que um corpo em movimento exige a aplicação constante de forças.

Galileu pretendia tratar matematicamente o movimento dos corpos, emulando o trabalho que Arquimedes (287-212 a.C.) tinha realizado na Antiguidade sobre o estudo das forças, com aplicação à alavanca e à balança. Os estudos de cinemática de Galileu beneficiaram-se da ênfase na medida e na análise matemática dos fenômenos físicos; as ferramentas matemáticas necessárias já estavam disponíveis na época. Seus resultados foram relatados no diálogo e tratado de mesmo título — *De motu* (Sobre o movimento), escrito em torno de 1590.

Figura 10 Galileu Galilei (1564-1642), físico e astrônomo italiano pioneiro na formulação matemática das leis da física.

Galileu era fascinado pelo magnetismo da pedra-ímã e fez muitos experimentos para investigar suas propriedades. Acreditava que forças semelhantes às magnéticas agiam no espaço entre os corpos celestes e que a Terra era um gigantesco ímã.[83] Leu *De magnete* e ficou muito impressionado com o conteúdo e a metodologia; ele o menciona em sua obra mais completa, o *Discorsi e dimostrazioni mathematiche intorno a due nuove scienze attinenti alla meccanica* (Diálogo sobre duas novas ciências), publicada em 1634. Salviati, personagem que representa Galileu nos diálogos, afirma que não teria tomado conhecimento do livro de Gilbert, em suas palavras, "se um famoso filósofo peripatético [aristotélico] não me tivesse dado de presente, creio que para proteger sua biblioteca do contágio".[84] O outro personagem de *Diálogo*, Simplicius, pergunta a Salviati: "Então você está entre as pessoas que aderiram à filosofia de William Gilbert?", e Salviati responde: "Certamente que estou; e acredito estar na companhia de todos os homens que leram atentamente esse livro e fizeram seus experimentos."[85]

No entanto, Galileu também escreveu:[86] "Gostaria de vos falar sobre um aspecto particular ao qual Gilbert não deu sua atenção", referindo-se com desaprovação à sugestão que Gilbert havia feito (tomada de Peregrinus) de que a *terrella* giraria por si só, se alinhada com o eixo da Terra.

Em uma carta para William Barlowe (?-1625), escrita entre 1600 e 1603, Gilbert registra uma correspondência recebida de Joannes Franciscus Sagredus (1571-1620), por meio do embaixador veneziano: "Sagredo é um grande magnético e escreveu que ele tratou com (...) professores de Pádua e relatou maravilhosa apreciação do meu livro." Sagredo era um amigo de Galileu, que era professor em Pádua; portanto, certamente estava entre os que mostraram tal "maravilhosa apreciação."[87]

Tendo lido a respeito da invenção do telescópio na Holanda, Galileu construiu um para seu uso em 1609, chamando-o de *perspicillum*; sua primeira versão aumentava apenas três vezes, mas, ao refinar sua técnica, produziu instrumentos muito melhores. Pode-se dizer que construiu alguns dos primeiros instrumentos científicos; suas observações com o telescópio revolucionariam a compreensão humana do universo. Pode-se imaginar a emoção de Galileu quando apontou o telescópio pela primeira vez para o céu noturno. Ele ficou atônito ao perceber na superfície da Lua, considerada até então lisa, montanhas que se pareciam com as da Terra; próximo a Júpiter, satélites que giravam em torno do planeta; manchas na face do Sol; milhares de estrelas jamais imaginadas; e Vênus exibindo fases como a Lua!

Sobre a Lua, escreveu:[88] "É a visão mais bela e encantadora observar o corpo da Lua..."

Suas fantásticas descobertas foram comunicadas ao mundo em seu livro *Sidereus nuncius* (*O mensageiro das estrelas* ou *O mensageiro sideral*), publicado em 1610. O impacto da publicação sobre seus contemporâneos foi imenso, aumentado ainda pelo fato de Galileu ter escolhido escrever seus livros em italiano, não em latim.

A presença de montanhas na Lua e de manchas na superfície do Sol ajudou a destruir a ideia de esferas supralunares e perfeitas, nas quais se localizavam as estrelas e o Sol e que diferiam da Terra, que seria o reino da corrupção e da imperfeição. Isso inaugurou uma imagem de um mundo unificado e significou o fim da ideia de Cosmo ou uma hierarquia finita e fechada de esferas. A importância dessa transformação foi caracterizada pelo historiador da ciência Alexandre Koyré com palavras fortes: "A dissolução do Cosmo — repito o que já disse: essa me parece ser a mais profunda revolução conseguida ou sofrida pela mente humana desde a invenção do Cosmo pelos gregos."[89] Tal revolução teria os seus mártires, como o filósofo Giordano Bruno (n. 1548), condenado pela Inquisição por suas ideias filosóficas, sua visão heliocêntrica e sua crença em um universo finito, que acabou queimado em uma fogueira em Roma, em 1600.

Galileu também foi perseguido pela Igreja por seus ensinamentos sobre a visão do mundo copernicana e foi condenado pela Inquisição, sentenciado a passar seus últimos anos de vida em prisão domiciliar. Durante esse período, permaneceu intelectualmente muito ativo e publicou seu último livro, o *Diálogo entre duas novas ciências*. Foi forçado a repudiar suas crenças, sob a ameaça de tortura. Concluiu seu depoimento com as palavras: "Eu, Galileu Galilei, abjurei com minhas próprias mãos."[90] Galileu só foi "reabilitado" pela Igreja 360 anos depois, em 1992.

Galileu morreu em 1642, no mesmo ano que Isaac Newton nasceu. Newton daria uma forma definitiva às leis de movimento propostas por Galileu e completaria a revolução na visão do mundo, unificando as leis da física que atuavam no sistema solar e na Terra (ver Capítulo 4).

René Descartes, outro fundador da Nova Ciência, nasceu em La Haye, hoje Descartes, na França, em 1596. Estudou direito em Poitiers e viveu por muitos anos na Holanda. Foi um dos principais defensores da nova visão, na qual as mesmas leis regulavam fenômenos terrestres e celestes. Em seu livro *Le monde*, escrito no início da década de 1630, tenta apresentar uma explicação mecânica do universo, evitando conceitos escolásticos. Embora tenha feito contribuições muito importantes à matemática e às suas técnicas empregadas na física, Descartes em geral usava termos não matemáticos para exprimir suas ideias em física e insistia na busca por causas intrínsecas ou essenciais, permanecendo um filósofo que tratava de problemas físicos. Com essa abordagem, diferia da forma com que Galileu tratava as questões do mundo físico. Por exemplo, ao comentar o trabalho de Galileu, escreveu: "Em relação ao que Galileu relatou sobre a balança e a alavanca, ele explica muito bem o que acontece [*quod ita fit*], mas não por que acontece [*cur ita fit*], como fiz nos meus *Principios*."[91]

O uso da matemática no tratamento dos temas da realidade física também distanciava Galileu do autor do *De magnete*. Referindo-se a William Gilbert, Galileu escreveu:

> Tenho a maior consideração, admiração e inveja em relação a esse autor, que enquadrou um estupendo conceito sobre um objeto que muitos homens de esplêndido intelecto haviam abordado sem dar a devida atenção (...) O que gostaria é que Gilbert tivesse sido mais um matemático, apresentado especialmente uma fundamentação em geometria, uma disciplina que o teria levado a ser menos apressado em aceitar como provas rigorosas as razões que apresenta como *verae causae* [causas verdadeiras] para as corretas conclusões a que chega.[92]

A matematização da visão de mundo, implícita no método de Galileu, teve suas raízes remotas nos ensinamentos dos pitagóricos. Platão, que viveu de 427 a.C. a 347 a.C., continuou essa tendência. Para ele, a estrutura do universo era relacionada a entidades matemáticas de uma forma íntima; as partículas de fogo eram tetraedros, o ar era formado de octaedros, e assim por diante. O próprio universo tinha forma esférica, pois essa era a mais perfeita das formas. O ponto de vista de Platão e de seus seguidores contrasta com a visão de Aristóteles em muitos aspectos fundamentais e também neste ponto específico: Aristóteles formulava seus argumentos de maneira qualitativa, não em termos quantitativos.

A adesão a essa nova visão geralmente conduz à escolha da matemática como a linguagem mais adequada para exprimir os fatos da natureza. Galileu, no início do século XVII, dá[93] essa visão no seu livro *Sidereus nuncius*:

> A filosofia [a natureza] é escrita naquele grande livro que está sempre diante dos nossos olhos. Quero dizer o universo, mas não podemos entendê-lo se em primeiro lugar não aprendemos a linguagem e entendemos os símbolos nos quais ele está escrito. O livro está escrito em linguagem

> matemática, e os símbolos são triângulos, círculos e outras figuras geométricas, e sem a ajuda deles é humanamente impossível compreender uma única palavra do livro e sem a qual vagamos em vão em um labirinto escuro.

Esse conceito atinge a maturidade apenas com o desenvolvimento de outras técnicas matemáticas usadas para descrever processos físicos mais complexos, tais como o cálculo diferencial, inventado por Newton e Leibniz no século XVII.

O astrônomo Johannes Kepler, nascido em 1571 em Weilder-Stadt, Swabia, no sul da Alemanha, resolveu o problema das órbitas dos planetas. Sustentando o ponto de vista copernicano de que a Terra e os outros planetas giram em torno do Sol e usando as observações do astrônomo dinamarquês Tycho Brahe (1546-1601), Kepler descobriu que os planetas descrevem órbitas elípticas e não circulares. Inspirado na "filosofia natural" de Gilbert, ele considerava que os planetas eram mantidos em seu movimento por forças magnéticas.

A revolução científica completaria seu ciclo com a mecânica e a teoria da gravitação de Newton. Foi então mostrado que as leis de Kepler se encaixavam no esquema de forças de atração gravitacional, que caía com o quadrado da distância. Essas forças determinariam as órbitas dos planetas, satélites e cometas.

Resumindo as realizações da ciência no século XVII, o astrônomo americano Herbert Dingle (1890-1978)[94] escreveu:

> A realização do século XVII foi precisa, profunda e imensa. No começo dessa grande época, a concepção predominante do universo — embora não deixasse de ser questionada — era essencialmente medieval em espírito; no centro estavam a Terra e os elementos mais baixos, sujeitos à mudança e à decadência e tendendo a mover-se em linhas retas em

direção aos seus lugares próprios, enquanto os cercando estavam esferas cristalinas incorruptíveis no céu, que faziam eternamente o perfeito movimento circular intrínseco às suas naturezas. No fim do século, todo o esquema tinha desaparecido, e o sistema newtoniano reinava em seu lugar. As esferas tinham desaparecido; a matéria e o movimento estavam em toda parte, na Terra e nos céus, e indissoluvelmente ligados por meio da força universal da gravidade; e uma técnica havia sido criada para a conquista de outros fenômenos por meio de forças newtonianas ainda a serem descobertas.

Leituras adicionais

A. C. Crombie. *The History of Science from Augustine to Galileo.* Nova York: Dover Publications, 1995.

Amir D. Aczel. *The Riddle of the Compass.* Nova York: Harcourt, 2001.

Duane H. D. Roller. *The* De magnete *of William Gilbert.* Amsterdã: Menno Hertzberger, 1959.

Pierre de Marincourt. "The Letter of Peregrinus", E. Grant (org.) *Source Book in Medieval Science*, Cambridge, Harvard University Press, 1974.

Stephen Pumfrey. *Latitude & the Magnetic Earth.* Cambridge: Icon Books, 2002.

W. Gilbert. "De magnete". *Great Books*, v. 28. Chicago, Encyclopaedia Britannica, 1978. O título completo é *De magnete magneticisque corporibus et de magno magnete tellure physiologia nova* (Sobre o ímã e corpos magnéticos, e sobre a nova fisiologia daquele grande ímã da Terra).

Notas

1. G. Beaujouan, "La science dans l'occident médiéval chrétien", *in* R. Taton, *Histoire générale des sciences*, v. I, Presses Universitaires de France, Paris, 1966, p. 583.
2. A. C. Crombie, *The History of Science from Augustine to Galileo*, v. 2, Dover Publications, Nova York, 1995, p. 117.
3. A. C. Crombie, *op. cit.*, p. 126.
4. R. Arnaldez, L. Massignon e A. P. Youschkevitch, "La Science Arabe", *in* R. Taton, p. 462.
5. C. A. Ronan, *The Cambridge Illustrated History of the World's Science*, Cambridge University Press, Cambridge, 1984, p. 229.
6. R. Arnaldez, L. Massignon e A. P. Youschkevitch, "La Science Arabe", *in* R. Taton, *op. cit.*, p. 512.
7. R. Arnaldez, L. Massignon e A. P. Youschkevitch, *op. cit.*, p. 498.
8. R. T. Merrill, M. W. McElhinny and P. L. McFadden, *The Magnetic Field of the Earth*, Academic Press, San Diego, 1998, p. 170.
9. J. Needham (a), *op. cit.*, p. 252.
10. J. A. Smith, "Precursors to Peregrinus: the Early History of Magnetism and the Mariner's Compass in Europe, *Journal of Medieval History,* v. 18 (1992) 21.
11. J. A. Smith (a), *op. cit.*
12. Alexander Neckam, "De nominibus utensilium", citado em J. A. Smith, *op. cit.*, p. 34.
13. J. A. Smith (a), *op. cit.*, p. 37.
14. Debala Mitra, *Konarak*, publicada pelo Director General, Archaeological Survey of India, Nova Delhi, 1976, p. 10, citado em C. K. Majumdar, "Magnetism: Past, Present and Future", *in* N. S. Satya Murthy e L. M. Rao (orgs.) *Current Trends in Magnetism*, Indian Physics Association, Mumbai, 1981, p. 1.
15. J. A. Smith (a), *op. cit.*, p. 38.
16. J. A. Smith (a), *op. cit.*, p. 24
17. J. A. Smith (a), *op. cit.*, p. 46.
18. J. A. Smith (a), *op. cit.*, p. 56. Lynn Thorndike, *John of St. Amand on the Magnet*, ISIS, v. 36 (1945), p. 156-157.

19. E. Grant (a), "Peter Peregrinus", C. C. Gillispie (org.), *in Dictionary of Scientific Biographies*, Charles Scribner's Sons, Nova York, 1980.
20. Pierre de Marincourt (a), "The Letter of Peregrinus", *in* E. Grant (org.) *Source Book in Medieval Science*, Cambridge, Harvard University Press, 1974, p. 368.
21. J. A. Smith (a), *op. cit.*, p. 73.
22. Pierre de Marincourt (a), *op. cit.*, p. 369.
23. Pierre de Marincourt (a), *op. cit.*, p. 368.
24. St. Thomas Aquinas, "*Opera omnia*", Antwep, 1612, v. 8, *Quaestio Unica: de Anima, art. 1 (Utrum anima humana possit esse forma et hoc aliquid*), p. 437, citado em W. J. King, *The Natural Philosophy of William Gilbert and His Predecessors*, Contributions from the Museum of History and Technology, Smithsonian Institution Bulletin 218, Washington, 1959, 122-139, p. 127.
25. J. D. Bernal, *The Extension of Man*, Frogmore, Paladin, 1972, p. 124.
26. Pierre de Marincourt (a), *op. cit.*, nota na página 374.
27. Pierre de Marincourt (a), *op. cit.*, p. 375.
28. Pierre de Marincourt (a), *op. cit.*, p. 375.
29. Citado em E. Grant (a), *op. cit.*, p. 533.
30. E. Grant (a), *op. cit.*, p. 532.
31. J. A. Smith (a), *op. cit.*
32. W. J. King, *The Natural Philosophy of William Gilbert and His Predecessors*, Contributions from the Museum of History and Technology, Smithsonian Institution Bulletin 218, Washington, 1959, p. 129.
33. Robert Norman, *The New Attractive*, citado em R. Harré, *The Method of Science*, Wykeham Publications, Londres, 1970, p. xi.
34. Robert Norman, *The New Attractive*, citado em E. Zilsel, "The Origins of William Gilbert's Scientific Method", *Journal of the History of Ideas*, v. 2, nº 1 (1941) 1, p. 23.
35. Robert Norman, *The New Attractive*, Londres, 1581; citado em W. J. King, *op. cit.*, p. 124.
36. Para alguns historiadores, essas mudanças estão mais presentes na retórica dos autores do que na valorização da experimentação; vide D. C. Lindberg, *The Beginnings of Western Science*, 2ª ed., The University of Chicago Press, Chicago, 2007.

37. W. Gilbert (a), "De magnete", *Great Books*, v. 28, Chicago, Encyclopaedia Britannica, 1978, p. 1.
38. W. Gilbert (a), *op. cit.*, p. 3.
39. W. Gilbert (a), *op. cit.*, p. 58.
40. W. Gilbert (a), *op. cit.*, p. 24.
41. W. Gilbert (a), *op. cit.*, p. 25.
42. Gilbert (a), *op. cit.*, p. 24.
43. W. Gilbert (a), *op. cit.*, p. 26.
44. Duane H. D. Roller, *The* De magnete *of William Gilbert*, Menno Hertzberger, Amsterdã, 1959, p. 92.
45. W. Gilbert (a), *op. cit.*, p. 31.
46. W. Gilbert (a), *op. cit.*, p. 31.
47. W. Gilbert (a), *op. cit.*, p. 36-40.
48. W. Gilbert (a), *op. cit.*, p. 53.
49. W. Gilbert (a), *op. cit.*, p. 75.
50. W. Gilbert, citado em Duane Roller, *op. cit.*
51. W. Gilbert (a), *op. cit.*, p. 82.
52. W. Gilbert (a), *op. cit.*, p. 103.
53. W. Gilbert (a), *op. cit.*, p. 103.
54. W. Gilbert (a), *op. cit.*, p. 117.
55. W. Gilbert (a), *op. cit.*, p. 110.
56. W. Gilbert (a), *op. cit.*, p. 112.
57. W. Gilbert (a), *op. cit.*, p. 117.
58. W. Gilbert (a), *op. cit.*, p. 117.
59. W. Gilbert (a), *op. cit.*, p. 77.
60. W. Gilbert (a), *op. cit.*, p. 79.
61. A. Kircher, *Magnes, sives de arte magnetica*, Roma, 1641, p. 479, citado em M. R. Baldwin, "Magnetism and the Anti-Copernican Polemic," *Journal of the History of Astronomy*, v. 16 (1985) 155, p. 159.
62. G. Freudenthal (a), *Theory of Matter and Cosmology in William Gilbert's* De magnete, ISIS, v. 74 (1983), p. 25.
63. G. Freudenthal (a), *op. cit.*, p. 28.
64. G. Freudenthal (a), *op. cit.*, p. 34.
65. G. Freudenthal (a), *op. cit.*, p. 33.
66. W. Gilbert (a), *op. cit.*, p. 115.

67. J. A. Bennett (a), Cosmology and the Magnetical Philosophy, *Journal of the History of Astronomy*, vol. 12 (1981), p. 165.
68. Johannes Kepler, *Gesammelte Werke*, Walther von Dyck e Max Caspar (orgs.), Munique, 1937-1975, xvi, 86, Letter to Johann Georg Brengger de 30 Novembro de 1607, citado em M. R. Baldwin, *op. cit.*, p. 156.
69. W. Gilbert (a), *op. cit.*, p. 104.
70. W. Gilbert (a), *op. cit.*, p. 49.
71. E. Zilsel (a), *op. cit.*, p. 31.
72. E. Zilsel (a), *op. cit.*, p. 15.
73. Duane H. D. Roller, *op. cit.*, p. 91.
74. Duane H. D. Roller, *op. cit.*, p. 50.
75. John Dryden, "Poems" ("To My Honour'd Friend Dr. Charleton"), citado em Patricia Fara, *Sympathetic Attractions*, Princeton University Press, Princeton, 1996.
76. Augustine, *De Genesi ad Litteram*, capítulo 21, citado em A. C. Crombie (a), *op. cit.*, vol. 1, p. 75.
77. C. A. Ronan, *op. cit.*, p. 260.
78. J. A. Bennett (a), *op. cit.*, p. 166.
79. J. A. Bennett (a), *op. cit.*, p. 171.
80. A. C. Crombie, *op. cit.*, p. 145.
81. A. C. Crombie, *op. cit.*, p. 138.
82. Galileu Galilei, *Dialogues Concerning the Two New Sciences*, Fourth Day, Great Books 28, Encyclopaedia Britannica, Chicago, 1978, p. 238.
83. W. R. Shea, *Galileo's Intellectual Revolution*, 2ª ed., Science History Publications, Nova York, 1977, p. 167.
84. Galileu Galilei (a), Third Day, p. 400.
85. Galileu Galilei (a), Third Day, p. 400.
86. Galileu Galilei (a), *Dialogues Concerning the Two Chief World Systems — Ptolemaic & Copernican*, Third Day, Stillman Drake (trad.), 2ª ed., University of California Press, Berkeley, 1967, p. 413.
87. W. Barlowe, *Magneticall Advertisement*, Londres, 1616, citado em E. Zilsel, *op. cit.*, p. 29.
88. Galileu Galilei, citado em Bronowski, p. 204.

89. A. Koyré, Galileo and Plato, *Journal of the History of Ideas*, v. 4, nº 4 (1943), p. 404.
90. Galileu Galilei, citado em Bronowski, p. 217.
91. R. Descartes, 1638, citado em A. C. Crombie (a), *op. cit.*, v. 2, p. 171.
92. Galileu Galilei (a), *op. cit.*, p. 406.
93. M. Kline, *Mathematics and the Search of Knowledge*, Oxford University Press, Nova York, 1985, p. 95.
94. H. Dingle, "Physics in the Eighteenth Century", *in Natural Philosophy Through the Eighteenth Century*, Taylor and Francis, Londres, 1972, p. 28.

CAPÍTULO 3 A unificação: eletricidade e magnetismo

> Desde tempos imemoriais, desde que existe alguma ciência natural, seu último e supremo objetivo tem sido combinar a colorida variedade de fenômenos físicos em um sistema unificado ou mesmo em uma única fórmula.[1]
>
> Max Planck, *The Unity of the Physical World-Picture*

CHOQUE ELÉTRICO

Desde a Antiguidade, dois exemplos de ação a distância são conhecidos: a atração da poeira ou da palha por um pedaço de âmbar atritado por um tecido ou pelo de um animal e a mais notável atração magnética, a do ferro pela pedra-ímã. Em *História natural*, escrita no século I d.C., Plínio, o Velho, registra a semelhança entre os dois efeitos, pois o âmbar[2] "atrai palha, folhas secas e a casca da tília, do mesmo modo que o ímã atrai o ferro".

O primeiro fenômeno tem origem elétrica; o âmbar e o tecido, originalmente descarregados, adquirem, ao ser friccionados um contra o outro, cargas elétricas de sinais opostos: um desenvolve um excesso de elétrons (partículas de carga negativa) e o outro, uma deficiência de elétrons (portanto, uma carga positiva).

O âmbar era bem conhecido na Grécia desde o século IX a.C.;[3] e é de *elektron*, a palavra grega para âmbar, que deriva a palavra eletricidade. Um pedaço de âmbar carregado induz uma carga elétrica de sinal oposto na superfície mais próxima da palha originalmente descarregada, e essa é atraída pelo âmbar. A presença de um objeto eletricamente carregado pode ser detectada usando essa propriedade da repulsão de cargas iguais: as duas metades de uma fina folha dobrada de papel ou de ouro separam-se quando em contato com um objeto carregado. O instrumento feito com uma dessas folhas contida em uma garrafa de vidro é conhecido como eletroscópio e evoluiu de um par de fios de linho inicialmente usados para esse propósito por Benjamin Franklin (1706-1790).

O processo de carregar eletricamente um objeto por meio da fricção está baseado na possibilidade de deslocar partículas elementares negativas, identificadas no século XIX como elétrons. O deslocamento também é o fundamento para o transporte de carga em condutores elétricos, como os fios de cobre empregados na rede de abastecimento de eletricidade das residências. Até o século XVIII não estava claro que os efeitos da eletrificação por atrito e o transporte da corrente através dos condutores eram devidos aos mesmos portadores de carga.

Outro fenômeno de origem elétrica conhecido na antiguidade grega e romana era a capacidade de alguns peixes provocarem dormência (*torpere*, em latim), entre eles as arraias, chamadas de torpedos (da família *Torpedinidae*), que habitam o Mediterrâneo (Figura 11). Platão refere-se à arraia-elétrica no diálogo em que Mênon diz a Sócrates que seu "poder sobre os outros é muito semelhante ao peixe-torpedo chato, que induz o torpor sobre aqueles que se aproximam

Figura 11 A arraia-elétrica *Torpedo nobiliana*, usada na Grécia e em Roma para o tratamento de doenças.

e o tocam".[4] Aristóteles, em *História dos animais*, também descreve que o torpedo "narcotiza as criaturas que quer capturar, subjugando-as pelo poder do choque que reside em seu corpo, e se alimenta delas".[5] O uso terapêutico desses peixes para curar dor de cabeça foi recomendado por Scribonius Largus (século I d.C.), médico romano que publicou, em cerca de 47 d.C., o *Compositiones medicamentorum*.[6] Apenas na segunda metade do século XVIII o caráter elétrico das arraias foi reconhecido, depois de estudos da arraia-elétrica sul-americana *Electrophorus electricus*.[7]

O primeiro estudo sistemático das propriedades elétricas dos materiais foi publicado por William Gilbert em seu livro *De magnete* (1600), um tratado devotado principalmente ao magnetismo (ver Capítulo 2). Gilbert fez uma importante classificação das substâncias, de acordo com seu comportamento elétrico; determinou quais materiais exibiam o mesmo efeito de atração elétrica do âmbar e chamou-os de *elétricos*. Nessa classe de substâncias incluiu vidro, cristal, diamante, safira, lacre e enxofre; a outra classe de materiais, os *não elétricos*, incluía os metais, por exemplo.

Outro investigador pioneiro da eletricidade foi o jesuíta italiano Niccolo Cabeo (1586-1650), que publicou, em 1629, o livro *Philosophia magnetica*. Nesse trabalho, pela primeira vez foi enunciado o fato de que os corpos com cargas elétricas de mesma polaridade mostram uma força de repulsão: "Raspas atraídas pelo âmbar excitado algumas vezes recuam várias polegadas depois de fazer contato."[8] Esse fenômeno se deve ao fato de as raspas, uma vez em contato com o âmbar, adquirirem uma carga elétrica do mesmo sinal, donde surge a força de repulsão. O efeito foi discutido pelo físico alemão Otto Von Guericke (1602-1686) no Livro IV de seu *Experimenta nova (ut vocantur) Magdeburgica de vacuo spatio* (Novos experimentos de Magdenburgo sobre o espaço vazio), publicado em 1672.[9] O físico inglês Isaac Newton (1642-1727) também observou, em torno de 1675, repulsão elétrica ao friccionar um pedaço de vidro próximo a alguns pedaços de papel.[10]

O químico britânico Stephen Gray (1666?-1736) descobriu em 1729 que, ao atritar um objeto, poderia fazer um outro mais distante atrair pequenos corpos, desde que esses estivessem ligados por materiais adequados; esse efeito provou a existência da condução elétrica. Gray descobriu ainda a indução de cargas: um pedaço de chumbo pendurado em um fio foi carregado eletricamente aproximando-se dele, sem contato, um tubo de vidro carregado. Os experimentos foram repetidos em Paris por Charles-François Du Fay (1638-1739), que publicou o resultado de suas pesquisas em 1733. Ele foi o primeiro a correlacionar as duas categorias de materiais criadas por Gilbert — elétricos e não elétricos — com o seu grau de condutividade:[11] os isolantes e os não elétricos eram os materiais que não conduziam eletricidade; os elétricos eram os condutores, ou, em suas palavras, materiais que "transmitiam... a matéria elétrica".[12] A denominação *condutores* seria usada mais tarde por Jean Théophile Desaguliers (1638-1744).[13] Os não condutores foram chamados por Desaguliers de elétricos *per se*, ou *suportadores*.

A partir da análise da atração e da repulsão entre os diferentes materiais eletrificados, Du Fay concluiu que existiam dois tipos de eletricidade: "resinosa" e "vítrea". Em termos modernos, existem duas classes de materiais: aqueles que depois de friccionados têm um excesso de carga negativa (resinosos) e os que adquirem um excesso de carga positiva (vítreos). Dessa distinção, naturalmente resultou uma imagem da condutividade elétrica em termos do fluxo de *dois* fluidos elétricos, uma concepção que hoje se sabe ser incorreta. Du Fay relatou que observou eletricidade vítrea em vidro, cristal de rocha, pedras preciosas e lã, enquanto a eletricidade resinosa foi observada em âmbar, seda e papel. No entanto, mais tarde outros pesquisadores concluíram que os materiais vítreos ou resinosos, dependendo do material com o qual eram friccionados, poderiam exibir qualquer um dos dois tipos de eletricidade.

Nos anos seguintes do século XVIII, tornou-se claro que apenas uma espécie elétrica (hoje se sabe que seriam os elétrons) é transportada no fenômeno da condução elétrica em materiais condutores. Essa hipótese foi formulada pela primeira vez pelo intelectual e líder político americano Benjamin Franklin (1706-1790), que se tornou famoso por seus experimentos com eletricidade atmosférica, feitos em torno de 1750. Franklin concluiu que os efeitos elétricos eram devidos ao excesso ou à deficiência do fluido elétrico, também chamado na época de "matéria elétrica" ou "fogo elétrico". Ele demonstrou este fato[14] carregando eletricamente dois homens que se encontravam de pé sobre bancos de vidro (um isolante); um recebeu carga positiva e o outro, negativa. Quando suas mãos se tocavam, surgia uma centelha, pois as cargas fluíam de um para outro, restabelecendo a neutralidade em ambos. Se, em vez disso, qualquer um dos dois tocasse um terceiro homem descarregado, ambos os envolvidos nesse contato sentiriam choques elétricos, pois a eletricidade fluiria para aquele que tinha deficiência de carga ou daquele que a tinha em excesso.

Franklin também explicou que a carga elétrica, ou "matéria elétrica", não era *criada* pela fricção dos objetos; era simplesmente deslocada de um objeto para o outro. O efeito de carregar os objetos pela fricção é observado quando as cargas abandonam o objeto atritado (vidro, lacre ou qualquer outro material isolante) para o tecido, ou vice-versa. Esse e outros fenômenos de origem elétrica relacionados não podiam ser estudados de maneira mais sistemática até serem inventadas formas eficientes de carregar os objetos e modos de acumular a carga elétrica. Até então, os investigadores eram praticamente limitados às fontes naturais de eletricidade, entre as quais se destacam os fenômenos relacionados ao acúmulo e ao fluxo de carga elétrica atmosférica.

Os raios eram conhecidos por seus efeitos assustadores desde a pré-história. O fenômeno surge do acúmulo de cargas nas nuvens, que pode conduzir a enormes diferenças de potencial, da ordem de uma centena de milhão de volts, seja entre partes diferentes de uma nuvem ou entre essas e o solo. Os raios são descargas elétricas muito intensas observadas durante tempestades, que tendem a equalizar os potenciais com correntes que tipicamente atingem dez mil ampères, durando menos de um décimo de segundo. Esse é um fenômeno muito comum: em cada instante, cerca de duas mil tempestades ocorrem em diferentes pontos da Terra.

Embora hoje qualquer pessoa atribua esses fenômenos naturais à eletricidade atmosférica, esse fato era desconhecido até o início do século XVIII. Em 1708, o pesquisador inglês William Wall produziu centelhas deslizando um pedaço longo de âmbar em um material lanoso e comparou a aparência das centelhas, e os sons associados, aos fenômenos atmosféricos.[15] Benjamin Franklin foi o primeiro a estabelecer definitivamente essa conexão. Em seu famoso experimento com eletricidade atmosférica (1752), Franklin conseguiu usar a linha de uma pipa para conduzir, com segurança, as cargas elétricas da atmosfera para a terra. Seus estudos resultaram na invenção do para-raios.

Os registros históricos estão repletos de episódios envolvendo a eletricidade atmosférica, inclusive muitas tragédias produzidas por raios. Alguns observadores tentaram estudar de perto essa força da natureza e pagaram com a vida pela curiosidade. Um exemplo é o físico alemão Georg Wilhelm Richmann (1711-1753), morto em São Petersburgo por um raio enquanto estudava a eletricidade atmosférica. Ele tinha montado um condutor no telhado de casa e estava tentando medir com um eletroscópio a eletricidade atmosférica durante uma tempestade.[16]

A necessidade de fontes de cargas elétricas para a realização de experimentos levou muitos pesquisadores a construir máquinas que usavam a fricção para carregar diferentes objetos. Muitas máquinas eletrostáticas foram construídas; uma das primeiras foi inventada pelo físico alemão Otto von Guericke (1602-1686) em 1663. Von Guericke é mais conhecido pela invenção da bomba de ar e por experimentos com vácuo. Uma vez ele criou vácuo entre dois hemisférios metálicos (os hemisférios de Magdeburgo) e mostrou que a pressão atmosférica os retinha unidos com tanta força que nem 16 cavalos conseguiam separá-los.

A máquina eletrostática de von Guericke consistia em um globo de enxofre montado em um eixo de ferro, que girava.

Friccionando o globo giratório com suas mãos, ou com um pedaço de tecido, von Guericke carregava-o e conseguia fazer diversos experimentos com a eletricidade. Ele observou que o globo carregado podia induzir uma carga em outros objetos, bem como que a eletricidade podia ser transportada por alguns corpos. A condução de eletricidade foi comprovada com a demonstração de que efeitos elétricos, tais como a atração de pequenos objetos, faziam com que objetos distantes parecessem fisicamente conectados ao globo carregado.

Em 1675, Jean Picard (1620-1682), um astrônomo francês do Collège de France, o primeiro a medir com precisão o comprimento de um grau em um meridiano, fez uma observação interessante. Numa noite em que transportava um barômetro formado por um tubo de vidro cheio de mercúrio, ele notou o aparecimento de uma luz azulada no interior do tubo.[17] O fenômeno foi investigado sistematicamente 30 anos depois pelo cientista autodidata Francis Hauksbee, o Velho (*c.* 1666-*c.* 1713). Hauksbee concluiu que a luminosidade se devia à eletricidade estática produzida pela fricção do mercúrio contra o tubo de vidro. Inspirado por essa descoberta, ele construiu um gerador eletrostático que consistia em um tubo de vidro giratório atritado por suas mãos. O cientista tinha acabado de reinventar a máquina eletrostática de von Guericke, usando vidro no lugar de enxofre.

Outro importante avanço no estudo dos fenômenos elétricos foi a descoberta acidental de uma forma adequada de se armazenar carga elétrica — a garrafa de Leyden, na Holanda, em 1746, pelo físico holandês Pieter van Musschenbroek (1692-1761). Esse dispositivo foi simultaneamente inventado pelo administrador e clérigo Ewald Georg von Kleist (*c.* 1700-1748), da Pomerânia, na Prússia. A garrafa de Leyden inicialmente consistia em um vidro cheio de água, no qual estava imerso um cabo condutor. O modelo original foi depois melhorado, tomando a forma de uma garrafa de vidro forrada, tanto interna quanto externamente, por folhas de metal que guardam cargas opostas. A garrafa de Leyden é um antepassado direto do capacitor atual, um componente comum em qualquer circuito eletrônico.

Muitos experimentos com eletricidade foram feitos combinando máquinas eletrostáticas com garrafas de Leyden. Em 1847, William Watson (1715-1787) e outros membros da Royal Society inglesa conseguiram enviar um sinal elétrico através do Tâmisa: eles descarregaram uma garrafa de Leyden na água do rio e inseriram dois fios, um em cada margem, a 400 jardas (365m) de distância.[18]

Garrafas de Leyden também foram usadas para produzir choques elétricos em voluntários. Essa desagradável sensação resulta do fluxo de eletricidade através dos tecidos do corpo. Dependendo da intensidade e do trajeto da corrente, os choques elétricos podem ser letais. O próprio Musschenbroek, relatando sua descoberta ao físico francês René-Antoine de Réamur (1683-1757) em 1746, escreveu:[19] "Quero relatar para você um novo, mas terrível experimento, o qual não o aconselho de modo algum a tentar."

Na França, a capacidade das garrafas de Leyden foi demonstrada de muitas maneiras; em uma ocasião, o rei Luís XV testemunhou a descarga de uma garrafa através de uma cadeia de 180 membros da Guarda Real, de mãos dadas. Muitos amadores exibiam os notáveis efeitos da eletricidade nos salões europeus do século XVIII.

A BATERIA ELÉTRICA

O surgimento de uma forma mais eficaz de induzir fenômenos elétricos teve de esperar até que a eletricidade fosse produzida por reações químicas. A primeira indicação de que a eletricidade era levada a fluir como consequência dessas reações foi obtida em uma série de experimentos conduzidos pelo anatomista italiano Luigi Galvani (1737-1798, Figura 12), na década de 1780, em Bolonha.

Figura 12 O anatomista italiano Luigi Galvani (1737-1798).

Os efeitos fisiológicos dos choques elétricos, incluindo aceleração do pulso, perspiração e contração dos músculos, levaram à imagem da eletricidade como uma "força vital". A proposta de ressuscitar ou reanimar, por meio da eletricidade, afogados ou pessoas aparentemente mortas foi feita em 1778 por Charles Kite na Royal Human Society de Londres; aqueles que não respondessem aos estímulos seriam considerados mortos.[20]

Em 1780 Galvani começou um estudo da resposta de nervos e músculos de rãs à eletricidade estática. Ele conectou uma máquina eletrostática a um conjunto de espinha dorsal, nervo crural e membros inferiores de rãs e observou que as patas se contraíam quando sujeitas a descargas elétricas. Verificou, ainda, que isso acontecia mesmo quando isoladas da máquina, sempre que essa produzia uma centelha. Tentou o mesmo experimento usando eletricidade atmosférica e novamente obteve uma contração.

Um efeito inesperado foi encontrado quando Galvani pendurou as patas das rãs com ganchos de latão a uma grade de ferro no jardim de casa. Ele tinha observado que as patas se contraíam durante uma tempestade, mas dessa vez percebeu que elas ainda se contorciam depois de a tempestade ter passado, quando "o céu estava calmo e sereno",[21] bem como quando eram levadas para dentro de casa; a resposta era observada todas as vezes que as patas estavam em contato com dois metais diferentes. Enquanto tocava os membros com diferentes objetos metálicos, Galvani notou que a intensidade da resposta dependia dos metais empregados.

Galvani (incorretamente) interpretou essas observações como uma prova da existência de certa "eletricidade animal", *un'elettricità particolare* e acreditava que os músculos do animal morto guardavam um fluido elétrico produzido pelo cérebro, responsável por esses efeitos. Quando suas observações foram publicadas em 1791 no artigo *De viribus electricitatis in motu musculari commentarius* (Comentário sobre o efeito da eletricidade no movimento muscular), produziram forte impacto. Galvani era então professor de arte obstétrica no Istituto delle Scienze da Universidade de Bolonha.

Entre aqueles que reagiram a essas descobertas estava o pesquisador italiano Alessandro Giuseppe Antonio Anastasio Volta, nascido em Como, na Itália (1745-1827, Figura 13). Ele não tinha opinião muito favorável sobre os médicos, os quais considerava "ignorantes das leis conhecidas da eletricidade".[22] Volta explicou corretamente os resultados de Galvani, apontando que eram decorrentes de reações químicas entre os dois metais através da umidade que cobria as patas da rã. Em termos atuais, poderíamos dizer que quando dois metais são separados por um líquido condutor (chamado eletrólito), uma diferença de potencial aparece entre eles, uma corrente elétrica flui e isso estimula os nervos, daí a contração dos músculos nos membros das rãs. O potencial elétrico nada tinha a ver com "eletricidade animal"; apenas a sua detecção tinha relação com a sensibilidade dos nervos da rã à estimulação elétrica.

Figura 13 O físico italiano Alessandro Volta (1745-1827), inventor da bateria elétrica.

A identificação da eletricidade com uma "força vital", ou sua conexão com a essência da vida, permaneceu na imaginação dos autores dos séculos XVIII e XIX. Uma expressão da intensidade dessa ligação é dada pelo romance *Frankenstein, ou o Prometeu moderno* (1818), da inglesa Mary Wollstonecraft (Godwin) Shelley (1797-1851). A sugestão feita pela autora era a de que "talvez um cadáver pudesse ser reanimado; o galvanismo tinha dado indicação de tal coisa; talvez as partes componentes de uma criatura pudessem ser fabricadas, juntadas e imbuídas de calor vital".[23] *Frankenstein* descreve como o experimento de criar um humanoide a partir de fragmentos de cadáveres acaba mal, depois de a vida ter sido infundida no monstro pela aplicação de uma potente descarga elétrica.

Atualmente, a ligação entre eletricidade e vida está presente nas técnicas de desfibrilação: choques elétricos são usados para salvar a vida de pacientes cujo coração passa a ter uma atividade elétrica errática, chamada fibrilação. A atividade elétrica dos tecidos vivos é ainda a base de vários procedimentos diagnósticos importantes, como a eletromiografia (EMG), que estuda a atividade muscular, a eletroencefalografia (EEG), que analisa a atividade do cérebro, e os eletrorretinogramas (ERM), que avaliam os potenciais associados à estimulação da retina.

Aos 30 anos de idade, Alessandro Volta inventou o eletróforo, um gerador de eletricidade estática formado por um disco de resina e cera, o qual, quando atritado, acumulava carga elétrica e um disco metálico montado próximo a ele adquiria carga induzida. Volta realizou muitos experimentos com eletricidade, e sua mais importante contribuição ocorreu quando foi professor de física experimental em Pavia, na década de 1790. Ele era um homem sociável e tinha outros interesses, a julgar pelo comentário do amigo Lichtenberg, segundo o qual Volta "entendia um bocado da eletricidade das mulheres."[24]

No início da sua busca após o anúncio da descoberta de Galvani, Volta retomou os experimentos do anatomista "com poucas esperanças de êxito",[25] mas em abril de 1792 foi capaz de repetir os mesmos resultados, dando a eles a interpretação correta.

Nos experimentos com as rãs, a diferença de potencial era detectada pelos nervos, mas Volta inventou outro método de detecção. Descobriu que dois discos de metais diferentes em contato com sua língua provocavam uma sensação estranha; a saliva era o meio interveniente nesse experimento. Volta não sabia que esse efeito já havia sido relatado em 1762 pelo professor de matemática suíço Johann Georg Sulzer (1720-1779), o qual, no entanto, não o relacionara com a eletricidade.[26]

Hoje sabemos que entre dois pedaços de metal separados por um eletrólito ocorre uma reação química que dá lugar a uma pequena diferença de potencial, por exemplo, no caso de zinco e prata, de 0,78 volt. Para multiplicar essa diferença de potencial, Volta empilhou vários pares de discos dos dois metais, cada par separado por um pedaço de tecido ou cartão embebido em água salgada. O arranjo tornou-se conhecido como pilha voltaica e se constituiu na primeira bateria elétrica. Quando os dois discos extremos eram conectados por um fio condutor, um fluxo de corrente elétrica era observado. Essa descoberta foi informada por carta, em 1800, a sir Joseph Banks (1743-1820), presidente da Royal Society de Londres; o resultado foi publicado na revista *Philosophical Transactions* no mesmo ano.

Volta demonstrou suas descobertas na Academia de Ciências de Paris, e elas produziram forte impressão em Napoleão, que decidiu criar uma medalha de ouro "para o melhor experimento feito em cada ano sobre o fluido galvânico [eletricidade]", e um prêmio de 60 mil francos para as contribuições comparáveis "às de Franklin e Volta".[27]

A invenção de Volta criou os meios para a geração de correntes elétricas estáveis, o que abriu um novo mundo de possibilidades experimentais com a eletricidade, que veio a ser explorado nos anos subsequentes, especialmente no trabalho de Oersted, Ampère e Faraday. O inventor italiano foi perpetuado no nome da unidade de diferença de potencial, ou tensão, no Sistema Internacional, o volt (abreviado V).

Durante o século XVIII, finalmente foi estabelecido que a eletricidade obtida pelo atrito, ou eletricidade estática, era a mesma que a eletricidade "galvânica", ou aquela produzida pela pilha de Volta. Para entender por que os dois fenômenos algumas vezes apresentam formas diferentes, temos de examinar com mais cuidado o sentido de termos como "voltagem", "diferença de potencial" e "corrente". Para entender esses conceitos relevantes para o estudo da eletricidade, geralmente é feito um paralelo entre um circuito elétrico e um sistema de encanamento de água. A voltagem ou diferença de potencial em eletricidade é análoga à energia potencial de um reservatório de água colocado a uma certa altura; a intensidade da corrente elétrica (ou quantidade de carga que circula por unidade de tempo) é análoga ao fluxo de água (volume de água por unidade de tempo) que sai do reservatório e passa pelo cano. Na eletricidade por atrito ou estática, os experimentos em geral envolvem grandes diferenças de potencial e pequenas correntes; centelhas saltam entre dois condutores apenas quando as diferenças de potencial são elevadas, da ordem de centenas ou milhares de volts. As correntes duram apenas um tempo curto, e as cargas totais transportadas são, em geral, pequenas. O oposto é verdadeiro no que diz respeito aos efeitos relacionados com a pilha voltaica, que fornece voltagens mais baixas e correntes estáveis.

Em um circuito elétrico, a intensidade da corrente é relacionada à voltagem. Para um dado circuito, caracterizado por uma certa resistência, a corrente é diretamente proporcional à voltagem nas suas extremidades e inversamente proporcional ao valor dessa resistência. Essa relação, válida para a maioria dos materiais, é conhecida como Lei de Ohm, numa referência ao físico alemão Georg Simon Ohm (1789-1854), professor de uma escola em Colônia, que a publicou em 1827.

A UNIDADE DA NATUREZA

A natureza apresenta-se aos olhos do observador curioso com ampla variedade de processos e objetos de estudo: o Sol que emite luz, a diversidade de paisagens na Terra, a Lua e as estrelas que decoram o céu noturno, os planetas errantes e assim por diante. Vários séculos antes de nossa era, os filósofos pré-socráticos na Grécia buscavam uma unidade na natureza que estaria subjacente a essa aparente grande diversidade de fenômenos naturais. A existência de tal unidade, de acordo com os primeiros pensadores gregos, estava interligada ao conceito de universo como um organismo.[28] A ideia de unidade é particularmente clara nos ensinamentos dos pitagóricos.* Em lugar de uma unidade, podemos falar, seguindo o espírito desses filósofos, de um parentesco da natureza.[29]

Unidade nesse contexto é a unidade da natureza, do objeto de estudo das ciências, algo diferente da unidade do conjunto da ciência, postulada por alguns filósofos. Pode-se argumentar, no entanto, que a unidade da natureza implicaria a unidade das ciências. No século XVIII, Roger Boscovich (ou Rudger Josip Boscovic, 1711-1787), um jesuíta croata nascido em Ragusa, atual Dubrovnik, publicou em Viena (em 1758) sua *Theoria Philosophiae Naturalis* (Teoria da Filosofia Natural); seu projeto era "derivar de uma única lei todos os fenômenos físicos observados".[30] Essa é a mesma meta que os físicos modernos perseguem sob o nome ultra-ambicioso de Teorias de Tudo. Uma delas é a teoria das cordas, dos físicos que estudam partículas, que tenta descrever de forma unificada todas as interações físicas (ou "forças"), incluindo a gravitação e o eletromagnetismo.[31] As cordas são entidades elementares que podem vibrar, e de certo modo podemos pensar que as "notas" dessas vibrações são as partículas, como os elétrons. No entanto, existem muitos problemas com essa teoria, um deles sendo o fato de que ela exige um universo de dez dimensões, com sete delas praticamente inacessíveis aos experimentos.

Em uma forma atenuada, o objetivo de atingir uma descrição unificada do mundo físico é compartilhado por todos os

*De acordo com Guthrie: "O mundo é divino e, portanto, é bom, e é um todo único. Se ele é bom, vivo e um todo, é porque, dizia Pitágoras, ele é *limitado* e exibe uma *ordem* nas relações entre suas várias partes. Uma vida completa e eficiente depende da organização." W. K. C. Guthrie, *The Greek Philosophers — From Thales to Aristotle*, Methuen & Co., Londres, 1967, p. 37.

físicos. O alemão Carl Friederich von Weizsäcker, conhecido como proponente de uma teoria de formação dos planetas do sistema solar, considera que "o empreendimento da física é alcançar uma visão do mundo unificada. Não aceitamos aparências na sua totalidade multicolorida, mas queremos explicá-las, isto é, queremos reduzir um fato a outro".[32] Uma visão semelhante, mostrada na citação de abertura deste capítulo, foi expressada no século XX pelo físico alemão Max Planck (1858-1947), o fundador da mecânica quântica, a parte da física que descreve o mundo atômico e subatômico.

A *Naturphilosophie* (filosofia natural) alemã, uma tendência entre alguns filósofos, mais do que uma escola de pensamento, floresceu no início do século XIX e é associada ao nome do filósofo Friederich Wilhelm Joseph von Schelling, nascido em 1775 em Leonsberg, Alemanha. Ele escreveu *Ideias sobre uma filosofia da natureza* (1797), em que expôs suas concepções sobre o tema.

Schelling foi influenciado pelas ideias do filósofo Immanuel Kant (1724-1804) e acreditava em uma unidade básica na natureza. Kant, provavelmente o maior filósofo dos tempos modernos, tinha escrito que "(...) toda a filosofia natural consiste na redução de dadas forças aparentemente diversas ao menor número de forças e poderes suficiente para a explicação das primeiras".[33] Essa concepção foi importante no início do século XIX e tinha relação com o movimento romântico alemão. Teve uma grande influência na biologia; na física, estimulou a busca de relações entre os diferentes fenômenos, incluindo a gravitação, a eletricidade e o magnetismo.

Antes do trabalho de William Gilbert, no século XVI, a identificação entre as atrações elétrica e magnética era comum; o *De magnete* claramente separou esses efeitos. No entanto, o fato de o âmbar atrair pedaços de papel, de uma maneira aparentemente análoga à forma como o ímã atraía o ferro, sugeria a muitas pessoas que existia algo em comum, ou um nexo, entre as duas classes de fenômenos.

Alguns fatos isolados documentados antes do século XIX de fato apontavam para uma ligação entre a eletricidade e o magnetismo. Um deles foi o "estranho efeito do trovão sobre o cartão magnético [base da agulha da bússola]", relatado em 1676.[34] Um navio foi atingido por um raio na latitude das Bermudas e teve o mastro dianteiro partido; então começou a navegar na direção oposta! Quando o capitão de um barco que o acompanhava mudou de curso e alcançou o navio atingido, verificou, nas palavras do narrador, que "o cartão tinha virado ao contrário, tendo o Norte e o Sul trocado de posições".

Outro relato informava que alguns talheres tinham se magnetizado em Wakefield, Inglaterra, em 1731, quando o recipiente em que estavam foi atingido por um raio; a descarga chegou a fundir algumas facas e garfos. Quando as facas foram postas sobre uma mesa, próximas a alguns pregos, esses foram atraídos. Um certo dr. Cookson, que testemunhou esse estranho fenômeno, especulou que poderia ter resultado do resfriamento dos talheres fundidos no campo magnético da Terra.[35]

O interesse e a continuação da investigação sobre a unidade da eletricidade e do magnetismo conduziram, em 1820, à descoberta que representou um importante marco na ciência. Tal descoberta resultou da investigação de um físico dinamarquês, Hans Christian Oersted (1777-1851), sobre a conexão entre essas duas classes de fenômenos.

O PEQUENO HANS CHRISTIAN E O GRANDE HANS CHRISTIAN

Uma das mais importantes imagens de Copenhague é a estátua de bronze da Pequena Sereia, na entrada do porto. A Pequena Sereia é uma criação do escritor dinamarquês Hans Christian Andersen, que viveu na primeira metade do século XIX e escreveu os famosos *Contos de Andersen.* Ele é considerado o fundador da moderna literatura infantil, tendo criado uma linguagem inovadora e produzido obras-primas atraentes tanto para as crianças quando para os adultos. Andersen é o autor de *O patinho feio*, *As novas roupas do imperador*, *Os sapatinhos vermelhos*, entre outros livros.

Esse gênero havia sido inaugurado no século XVII com a coleção conhecida como os *Contos da mamãe ganso*, do francês Charles Perrault (1628-1703); ela incluía clássicos como *Cinderela* e *A bela adormecida.* No século XIX, Andersen tinha sido precedido pelos irmãos alemães Jacob e Wilhelm Grimm (1785-1863 e 1786-1859), autores de *Hansel e Gretel* e *Branca de Neve e os sete anões.*

Um contemporâneo, compatriota de mesmo nome de Andersen, Hans Christian Oersted (1777-1851, Figura 14), não nos deixou contos de fadas, mas, em vez disso, demonstrou, sem deixar dúvida, a íntima conexão entre a eletricidade e o magnetismo. O futuro escritor Andersen chegou pobre a Copenhague, aos 14 anos; ele encontrou Oersted e foi ajudado por este, já um adulto. Eles desenvolveram um relacionamento próximo, e, nas suas memórias, Andersen escreveu: "...sua casa tornou-se muito cedo um lar para mim; seus filhos, enquanto eram pequenos, brinquei com eles, depois os vi crescer, mantendo o seu amor por mim. Em sua casa eu encontrei meus mais velhos e constantes amigos."[36] Uma vez por semana Andersen jantava com os Oersted, continuando

Figura 14 O cientista dinamarquês Hans Christian Oersted (1777-1851), descobridor do efeito de uma corrente elétrica sobre a agulha de uma bússola.

essa rotina por 24 anos após a morte do físico. Andersen referia-se a si próprio como o "pequeno Hans Christian" e a Oersted como o "grande Hans Christian". E realmente foi um grande, e hoje é lembrado como o autor de um dos mais importantes experimentos na história da ciência.

Oersted nasceu em Rudjoeping, Dinamarca, em 1777, filho do proprietário de uma farmácia. Com 11 anos começou a trabalhar ajudando o pai; dessa experiência adquiriu conhecimentos práticos em química e um interesse por ciências em geral. Em 1794, sua família mudou-se para Copenhague, e, após três anos, Oersted obtinha um diploma de farmacêutico na universidade.

O físico dinamarquês tinha grande interesse em filosofia e tornou-se um seguidor das ideias de Kant. Em 1799 obteve o grau de doutor em filosofia, com uma tese sobre Kant, *Dissertatio de forma methaphysices elementaris naturae externa* (Dissertação sobre as formas metafísicas elementares das naturezas externas). O trabalho refletia a influência das ideias kantianas expostas na *Crítica da razão pura* e nos *Fundamentos metafísicos da ciência natural.*[37] Oersted era um membro do corpo editorial da revista *Philosophisk Repertorium for Faedrelandets Nyeste Litteratur*, dedicada à filosofia de Kant.

No verão de 1801, Oersted iniciou uma viagem pela Europa, visitando diversas instituições acadêmicas e científicas. Visitou laboratórios em Berlim, Göttingen e Weimar. Assistiu a conferências sobre *Naturphilosophie* em Berlim e esteve com alguns filósofos desse movimento, incluindo Johann Fichte (1726-1814) e August Schlegel (1767-1845). Embora influenciado por essas ideias, permaneceu mais próximo do sistema kantiano e era crítico da filosofia natural pela atitude especulativa que essa disciplina tomava diante da pesquisa. Oersted valorizava os escritos dos seus seguidores por sua "grande beleza", mas criticava-os por subestimarem a importância das observações e da experimentação.[38] No entanto, a relevância da *Naturphilosophie* como uma inspiração para Oersted não pode ser subestimada.[39]

Como muitos outros cientistas, Oersted interpretava as ideias de Kant acreditando que as regularidades ou leis encontradas nos fenômenos naturais eram, em certo sentido, impostas pela mente humana; como Deus tinha feito o homem à Sua imagem, a razão humana de alguma maneira correspondia às intenções do Criador. Essa ideia foi expressa de forma vívida pelo físico do século XX Arthur Eddington (1882-1944), nas palavras usadas para descrever a busca do homem pela compreensão da natureza:[40]

> Encontramos uma estranha pegada nas margens do desconhecido. Inventamos teorias profundas, uma após a outra, para explicar sua origem. Finalmente, conseguimos reconstruir a criatura que deixou tal marca. E surpresa! A marca é nossa.

Finalmente, Oersted retornou à Dinamarca em 1804 e foi indicado professor de física e química na Universidade de Copenhague, em 1806, e professor titular (*professor ordinarius*), em 1817. Iniciou as pesquisas sobre a inter-relação entre eletricidade e magnetismo em 1813. Nessa época, ele achava que se confinasse uma corrente elétrica a um fio fino, produziria calor, e que, afinando o fio ainda mais, obteria o magnetismo.[41]

Quando estava em Weimar, Oersted havia se encontrado com o químico alemão Johann Wilhelm Ritter (1776-1810), o descobridor dos raios ultravioleta e de muitos fenômenos físicos importantes. Lado a lado com seu interesse científico, Ritter cultivava a astrologia e tentava correlacionar a máxima inclinação da eclíptica com a ocorrência de descobertas em eletricidade. Em carta a Oersted, previra outra notável descoberta no último terço de 1819 ou de 1820.[42] De fato, em 1820 Oersted descobriu que, ao aproximar a bússola de um fio que transportava corrente elétrica, a agulha se movia. O movimento indicava que havia surgido um campo magnético perpendicular à direção do fio, alinhado tangencialmente a um círculo em torno dele. Essa observação foi um ponto de inflexão na história da eletricidade e do magnetismo: essas duas áreas de pesquisa distintas e misteriosas estavam intimamente ligadas!

De acordo com uma carta escrita por um de seus colaboradores, Christopher Hansteen, Oersted tinha observado esse efeito em uma demonstração na sala de aula. No entanto, essa versão da descoberta atualmente é questionada, com base no fato de que Oersted já vinha estudando havia muitos anos a conexão entre eletricidade e magnetismo.[43] É interessante notar que, guiado por expectativas *a priori* a respeito da simetria entre causa e efeito, Oersted aparentemente tinha tentado por muitos anos observar o efeito das correntes elétricas montando a agulha da bússola de forma perpendicular ao condutor. No entanto, apenas quando dispôs a agulha paralelamente ao condutor, Oersted obteve êxito, produzindo um efeito observável.*

O resultado foi descrito por Oersted com as seguintes palavras:[44]

> A agulha mágica, embora contida em uma caixa, foi perturbada; mas como o efeito foi muito pequeno, e teria de, antes de sua lei ter sido descoberta, ser aparentemente muito irregular, os experimentos não deixaram uma impressão forte na plateia.

Oersted comunicou sua descoberta no mesmo ano, nos Anais de Filosofia, no trabalho *Experimenta circa effectum conflictus electrici in acum magneticam* (Experimentos sobre os efeitos do conflito elétrico sobre uma agulha magnética). Descrevendo a interação entre o fio e a bússola, chamou o

*Esse relato de como ocorreu a descoberta é reforçado por correções coladas por Oersted sobre o manuscrito do texto enviado para publicação em *The Edinburgh Encyclopedia* (1830). Em um texto contendo poucas correções, Oersted escreveu três versões do seu relato da descoberta, até decidir-se por uma quarta e mais forte, na qual afirmava que os resultados eram "estritamente conectados com as suas (de Oersted) outras ideias". S. L. Altmann, *Icons and Symmetries*, Oxford University Press, Oxford, 1992, p. 40.

"efeito que ocorre nesse condutor e no espaço circundante(...) de *conflito de eletricidade*",[45] denominação que não foi adotada por outros autores. Oersted visualizava a interação magnética ocupando o espaço em torno do fio:[46] "É evidência suficiente dos fatos que aconteceram antes que o conflito elétrico não está confinado ao condutor, mas largamente disperso no espaço circunjacente."

Seu trabalho teve repercussão imediata em todo o mundo, e Oersted tornou-se uma figura bastante conhecida nos círculos científicos. Em 1824, fundou a Sociedade Dinamarquesa para a Promoção da Ciência, e em 1829 tornou-se diretor do Instituto Politécnico de Copenhague.

O que Oersted tinha observado era que uma corrente elétrica cria (ou tem associado a ela) um campo magnético em sua vizinhança, com intensidade diretamente proporcional à da corrente, e aponta ao longo de uma direção perpendicular ao fluxo da corrente. O campo é em toda parte tangencial aos círculos no plano perpendicular ao condutor de eletricidade.

O experimento de Oersted provou pela primeira vez, sem qualquer dúvida, a conexão entre a eletricidade e o magnetismo. Esse foi também o primeiro experimento de conversão de energia elétrica (acumulada na pilha) em energia mecânica — o movimento da agulha da bússola.

Em seu último trabalho, *A alma na natureza*, que deixou inacabado, Oersted proclamava sua fé na unidade do universo: "Espírito e natureza são uma única coisa, vista sob diferentes aspectos. Assim, temos de deixar de nos surpreender com sua harmonia."[47]

O MAGNETISMO E AS CORRENTES ELÉTRICAS

A descoberta de Oersted produziu uma onda de excitação entre os pesquisadores de toda a Europa. Em 4 de setembro de 1820, o físico francês Dominique Arago (1786-1853) anunciou-a em uma reunião da Académie des Sciences em Paris. Arago inicialmente não acreditou no resultado, mas depois, em 11 de setembro, foi capaz de repetir o experimento de Oersted. Estimulado pelo anúncio da descoberta de Oersted, outro físico francês, André Marie Ampère (1775-1836, Figura 15), iniciou uma série de experimentos sobre as relações entre correntes elétricas e campos magnéticos, relatando suas primeiras observações algumas semanas após o anúncio de Arago. As descobertas de Ampère colocariam seu nome no panteão dos fundadores da ciência do magnetismo.

Figura 15 André Marie Ampère (1775-1836), físico francês que fez importantes contribuições ao estudo da eletricidade e do magnetismo.

Ampère nasceu em 1775, em Poleymieux, próximo a Lyon, filho de um rico comerciante, e teve sua vida marcada pelas convulsões sociais pelas quais passava a França. Em 1793, com a captura de Lyon pelo exército republicano, seu pai foi guilhotinado. Ampère foi um homem de interesses variados: em 1819 ensinava filosofia e no ano seguinte tornou-se professor-assistente de astronomia na Universidade de Paris. Em 1824, foi indicado professor de física experimental no Collège de France. Sua obra científica também teve grande alcance e incluía uma classificação dos elementos químicos publicada em 1816, que em parte antecipa o trabalho do russo Dimitri Ivanovich Mendeleiev (1834-1907) sobre a tabela periódica dos elementos. Sua contribuição mais importante, no entanto, teve a ver com as relações entre eletricidade e magnetismo. Tomando por base seus experimentos sobre o movimento da agulha da bússola sob a ação de correntes elétricas, inventou um instrumento para medir a intensidade dessas correntes — o galvanômetro, antepassado dos instrumentos padrão de bancada de hoje, o voltímetro e o amperímetro.

Entre 5 e 17 de setembro de 1820, Ampère repetiu os experimentos de Oersted e verificou que a agulha da bússola aponta exatamente na direção perpendicular ao fio que transporta a corrente, quando se compensa o efeito do campo magnético da Terra. Descobriu ainda que a corrente flui através de cada componente do circuito elétrico, inclusive da pilha voltaica.[48] Ampère apresentou na Academia de Ciências, em 18 e 25 de setembro de 1820, uma série de trabalhos sobre as relações entre eletricidade e magnetismo e formulou sua hipótese sobre a relação entre as duas classes de fenômenos. Ele observou que fios paralelos através dos quais a corrente fluía interagiam um com o outro: se elas fluíam no mesmo sentido, os fios eram atraídos; se eram opostas, os fios eram repelidos. Ampère demonstrou essa descoberta em 9 de outubro, na Academia de Ciências.

Há certa dificuldade de se estabelecer a exata cronologia das descobertas de Ampère por duas razões: em primeiro lugar, pelo fato de os textos das Memórias da Academia não coincidirem com o conteúdo da apresentação oral e, segundo, devido à forma um pouco confusa das suas comunicações.[49] Essa falta de clareza foi reconhecida pelo próprio Ampère e testemunhada por Oersted quando os dois se encontraram em Paris, em 1823. Oersted relatou com palavras duras suas impressões sobre Ampère: "Ele é terrivelmente confuso e igualmente inábil como experimentador e debatedor."[50]

Ampère sempre teve como objetivo uma formulação matemática que descrevesse os fenômenos que ligavam a eletricidade ao magnetismo. Derivou uma expressão matemática que relaciona as forças entre os dois fios que transportavam eletricidade à intensidade dessas correntes e à distância entre os fios. O trabalho mais importante de Ampère, *Mémoire sur la théorie mathématique des phénomènes électrodynamiques uniquement déduite de l'expérience* (Nota sobre a teoria matemática dos fenômenos eletrodinâmicos deduzida exclusivamente dos experimentos), foi publicado em 1827.

O cientista francês mostrou que uma bobina feita de fio de cobre, se livre para girar, comportava-se da mesma forma que uma agulha de bússola. Isso confirmou a ideia que lhe ocorrera nos primeiros dias de investigação[51] e levou-o a propor a ousada hipótese de que o magnetismo da pedra-ímã, ou da agulha da bússola, surgia das correntes elétricas que fluíam no interior da matéria:

> ... donde se segue que um ímã deve ser considerado um conjunto de correntes elétricas, as quais fluem em planos perpendiculares ao seu eixo, dirigidas de tal forma que o polo sul do ímã, que se volta para o Norte, está à direita dessas correntes e sempre à esquerda de uma corrente localizada fora do ímã, a qual está diante dela em uma direção paralela.[52]

A existência dessa relação entre o magnetismo da matéria e as correntes elétricas significava que a ligação entre a eletricidade e o magnetismo era ainda mais fundamental do que a produção de campos magnéticos que o experimento de Oersted havia demonstrado. O magnetismo da própria pedra-ímã, e de qualquer corpo magnetizado, tinha origem em correntes elétricas que circulavam no interior da matéria.

No entanto, um paradoxo permanecia: em um ímã, a corrente elétrica necessária para explicar seu magnetismo deveria aquecê-lo, mas os ímãs não pareciam ser mais quentes do que os outros objetos! De fato, essa objeção aos primeiros resultados de Ampère foi apontada desde o início por outro físico francês, Augustin-Jean Fresnel (1788-1827).[53] A solução desse quebra-cabeça foi dada por Ampère no fim de 1820 e em 1821 (seguindo uma sugestão do próprio Fresnel), quando ele explicou que as correntes responsáveis pelo magnetismo eram microscópicas (moleculares), em vez de macroscópicas, como as correntes normais nos condutores. Ele imaginou o material magnético composto de moléculas, cada uma com uma bobina na qual uma corrente circularia. Essa ideia antecipou o modelo do átomo proposto pelo físico dinamarquês Niels Bohr (1885-1962) em 1913, que supunha que o núcleo atômico positivo era cercado de elétrons, que circulariam em torno dele. A corrente atômica ou molecular não produziria os efeitos de aquecimento esperados de correntes ordinárias ou macroscópicas.

A mesma explicação foi imaginada por Ampère para o campo magnético da Terra: ele surgiria de correntes elétricas fluindo ao longo do equador. Essa foi a primeira tentativa, com sólida base científica, de discutir o magnetismo da Terra.

Ampère foi homenageado por seu trabalho sobre eletricidade e magnetismo: seu nome foi dado à unidade de corrente elétrica. O ampère, definido como a corrente elétrica que produz uma certa força entre dois fios paralelos, é uma das sete unidades básicas do Sistema Internacional de Unidades (SI), adotado hoje com base na Convenção do Metro, estabelecida em 1960 e firmada pela maioria dos países. A lei que relaciona o campo magnético e a corrente elétrica que o produz também leva o nome de Ampère e é uma das leis fundamentais do eletromagnetismo (ver Capítulo 4).

A descoberta da geração de campos magnéticos pelas correntes elétricas teve um enorme alcance e levou muitos pesquisadores a buscar o fenômeno inverso: efeitos elétricos produzidos por campos magnéticos. Embora ele fosse esperado, os esforços para observá-lo foram em sua maior parte frustrados. Nas palavras do físico inglês Michael Faraday,

> ...no entanto, parecia muito extraordinário que, do mesmo modo que todas as correntes elétricas eram acompanhadas pela correspondente intensidade de ação magnética, formando um ângulo reto com a corrente, bons condutores de eletricidade, quando colocados dentro do alcance desse efeito, não tivessem qualquer corrente induzida através deles ou algum efeito sensível produzido equivalente em força a essa corrente.[54]

E conclui:

> Essas considerações, com suas consequências, a esperança de obter eletricidade a partir do magnetismo ordinário, me estimularam em várias ocasiões a investigar experimentalmente o efeito indutivo das correntes elétricas.[55]

Figura 16 Michael Faraday (1791-1867), cientista inglês que fez descobertas fundamentais sobre eletricidade e magnetismo; também foi o inventor do motor elétrico e do dínamo.

Michael Faraday (Figura 16) nasceu em Newington (hoje Southwark, Londres), Inglaterra, em 1791. Seu pai, um ferreiro, tinha se mudado com a família em busca de trabalho. Faraday tinha tido pouca educação formal e passava por dificuldades materiais: trabalhava como mensageiro, e aos 14 anos ingressou como aprendiz em uma oficina de encadernação. Usava todas as oportunidades que tinha para ler sobre praticamente qualquer assunto, e seu interesse em ciência foi despertado quando leu o verbete "Eletricidade" em um volume da Enciclopédia Britânica que estava reencadernando.[56]

Em 1810, passou a frequentar as conferências sobre física e química na Sociedade de Filosofia de Londres; em uma dessas conferências, viu uma pilha voltaica pela primeira vez.

Um dos fregueses do encadernador deu a Faraday ingressos para as conferências de ciência popular de Humphry Davy (1778-1829), na Royal Institution. Davy era um professor titular de química famoso por suas excelentes conferências públicas. Em outubro de 1812, Davy ficou temporariamente cego por causa de uma explosão ocorrida no laboratório e, portanto, passou a necessitar de um ajudante. Faraday foi aceito para trabalhar como seu secretário. Ele, então, mostrou a Davy as notas cuidadosamente encadernadas que havia preparado a partir das conferências às quais havia assistido, e, quando surgiu uma vaga no ano seguinte, foi contratado como ajudante.

No mesmo ano, Davy levou Faraday com ele em uma visita à França e à Itália, que durou mais de um ano e na qual eles percorreram muitas instituições científicas. Faraday teve então oportunidade de encontrar alguns dos mais importantes cientistas europeus. Voltando a Londres, dedicou-se aos estudos experimentais, principalmente em química. Em 1821, começou a estudar os fenômenos eletromagnéticos, seguindo o estímulo do amigo Richard Phillips (1778-1851). No mesmo ano, publicou no periódico *Quarterly Journal of Science,* um artigo no qual descreveu como um fio girava em volta de um ímã quando percorrido por uma corrente elétrica.

Faraday trabalhou na Royal Institution por 20 anos e veio a tornar-se um dos maiores cientistas experimentais de todos os tempos. Em sua opinião, as qualidades exigidas de um cientista (chamado na época de filósofo) eram:

> O filósofo deve ser um homem [*sic*] disposto a ouvir todas as sugestões, mas determinado a julgar por si mesmo. Não deve ser influenciado pelas aparências; não deve ter uma hipótese favorita; não deve ser de qualquer escola; e na doutrina não ter mestre. Não deve ser um respeitador de pessoas, mas de coisas. A verdade deve sempre ser seu objeto primário. Se a essas qualidades juntar a de industrioso, deve certamente poder falar sob o véu do templo da natureza.[57]

Ao longo de sua extensa carreira, a maioria dos experimentos de Faraday foi de caráter exploratório. Em contraste com a meta final de Ampère, o objetivo final de Faraday não era uma descrição matemática dos fenômenos eletromagnéticos;[58] em vez disso, o que ele fazia era tentar observar e investigar minuciosamente novos fenômenos, perguntando em cada situação como a natureza se comportaria sob as condições experimentais dadas.

Davy foi amigo próximo do poeta inglês Samuel Taylor Coleridge (1772-1834), adepto entusiástico da *Naturphilosophie*. Faraday talvez tenha sido influenciado desse modo por tais ideias filosóficas.[59] Imbuído da crença da unidade dos fenômenos físicos, Faraday fez várias tentativas, durante 11 anos, de observar o inverso da descoberta de Oersted, isto é, a geração de correntes elétricas a partir de campos magnéticos. De acordo com seu diário, finalmente foi bem-sucedido em 29 de agosto de 1831. Nessa data, tinha enrolado duas bobinas de fio de cobre em torno de um cilindro de madeira, cada uma delas com 100 pés de comprimento (cerca de 30 metros). As duas bobinas estavam isoladas eletricamente uma da outra, e nas pontas de uma delas, Faraday conectou uma bateria. Na outra bobina conectou um instrumento que detectava correntes elétricas (um galvanômetro). Nada foi detectado no galvanômetro enquanto a corrente passava através da bobina. No entanto, uma "pequena deflexão" foi notada, mas somente no momento em que a bateria era conectada. Faraday tentou o mesmo experimento com as duas bobinas enroladas em um anel de ferro; os mesmos resultados foram observados, e a intensidade do efeito cresceu muito com a presença do núcleo de ferro.

Em outubro do mesmo ano, Faraday fez um experimento muito simples, que estava mais próximo do experimento inverso ao de Oersted: movendo um ímã para dentro e para fora de um cilindro oco no qual tinha sido enrolada uma bobina, ele obtinha uma corrente elétrica circulando através da bobina. A corrente era detectada pela deflexão de uma agulha magnética, produzida todas as vezes que o ímã se movia em relação à bobina. O efeito era igualmente observado movendo-se a bobina relativa ao magneto.

Os fenômenos observados em toda essa série de experimentos podem ser explicados em termos da força eletromotriz (fem) ou de voltagem induzida na bobina conectada ao detector de corrente (uma bússola ou um galvanômetro). No experimento com duas bobinas, a primária, conectada à bateria, produzia um campo magnético na outra (secundária). A variação temporal desse campo induzia uma voltagem na bobina secundária — o mesmo se aplica ao uso do ímã móvel para variar o campo, em lugar da bobina primária. Quanto maior a velocidade de mudança do campo magnético (ou fluxo magnético) passando através da bobina secundária, maior o efeito indutivo, isto é, a fem, ou voltagem. Isso provou que os campos magnéticos dependentes do tempo criavam um campo elétrico que atuava sobre as cargas elétricas, produzindo um fluxo de corrente. A expressão matemática desse fato é conhecida hoje como Lei de Faraday e é uma das equações fundamentais do eletromagnetismo (ver Capítulo 4).

O experimento com o anel de ferro é comparável àquele com duas bobinas, exceto por, neste caso, o campo magnético no interior delas ser aumentado pela magnetização do ferro: a bobina secundária mostra tanto o campo da primeira bobina quanto o campo devido à magnetização induzida no ferro.

Faraday tinha provado que os efeitos elétricos podiam ser produzidos por ímãs, mas apenas se os campos magnéticos correspondentes variassem com o tempo. Isso explica por que os experimentos estáticos não tinham produzido nenhum efeito detectável até aquele momento.

Faraday reconheceu imediatamente a importância dessas descobertas. Ele as reportou à Royal Society um mês depois de ter feito suas observações e recebeu todo o crédito pela descoberta desse novo fenômeno, que ficou conhecido como indução eletromagnética. Em um famoso episódio, a rainha Vitória (1837-1901) perguntou a Faraday a respeito da utilidade da indução: "Qual o uso de um bebê recém-nascido?", ele replicou.[60] O poeta e cientista do século XX Miroslav Holub (1923-1998) descreveu a cena com as seguintes palavras:[61]

> Quando a rainha, sobre as
> linhas de força magnéticas
> na mesa de trabalho de Faraday, perguntou:
> "E qual o uso disso?",
> Faraday respondeu,
> olhando abaixo do colarinho de renda
> da rainha:
> "E qual o uso, Senhora, de uma criança?"*

**When the Queen, over the/ magnetic lines of force/ on Faraday's rough table, asked/ "And what use is it?"/ Faraday replied,/ gazing lower than her/ lace collar:/ "And what use, Ma'am, is a child?"*

Outros pesquisadores haviam esbarrado com o fenômeno da indução. O físico americano Joseph Henry (1797-1878) tinha notado, em 1829, uma centelha no instante em que desligava a fonte de corrente que alimentava uma bobina enrolada sobre outra, e ambas sobre um núcleo de ferro. Henry relataria sua observação apenas em 1832 no *American Journal of Science*, muito depois da publicação do artigo de Faraday. Ele lamentaria por toda a vida seu atraso de enviar para publicação os seus resultados.[62] Ampère também percebera o mesmo efeito havia ainda mais tempo, em 1822, mas não o investigou em detalhe.[63] Uma história curiosa ocorreu com o físico suíço Jean-Daniel Colladon (1802-1893), o qual, em 1825, tomou a precaução extra de montar o instrumento de medida, um galvanômetro, em outra sala, para evitar os efeitos de distúrbios elétricos no momento em que ligava e desligava a corrente. Cada vez que chegava à outra sala para olhar o galvanômetro, o efeito da indução já tinha decaído, e ele não pôde vê-lo![64]

A montagem de duas bobinas enroladas sobre um mesmo anel de ferro constitui o primeiro transformador elétrico. Alimentando a bobina primária com uma voltagem oscilante (habitualmente descrita como corrente alternada ou CA), produz-se uma outra voltagem CA na segunda bobina, proporcional à relação entre o número de voltas nas duas bobinas. A força eletromotriz (fem), ou voltagem, pode assim ser aumentada ou diminuída, dependendo dessa relação.

Oersted tinha encontrado o princípio que conduziria ao motor elétrico, e a descoberta de Faraday do fenômeno da indução eletromagnética revelara o princípio do dínamo, ou gerador elétrico. Se acrescentarmos a contribuição de James Clerk Maxwell (ver Capítulo 4), teremos os alicerces científicos sobre os quais se apoiaria o grande salto da industrialização na segunda metade do século XIX. Nesse período, pela primeira vez na história, a materialização dos avanços técnicos exigiria pelo menos alguma familiaridade com a evolução ocorrida nas ciências básicas.[65]

MAGNETISMO ANIMAL

A pedra-ímã tinha sido usada na medicina desde a Antiguidade, como remédio a ser ingerido ou aplicada externamente ao corpo; nesse caso, como fonte de campo magnético, supostamente dotado de poder de cura. A enciclopédia médica do botânico Dioscorides de Anazarbos (*c.* 40-90), do século I de nossa era, recomendava seu uso "para extrair humores espessos".[66] Na primeira metade do século XVI, o médico e alquimista suíço-alemão Paracelso (Philippus Aureolus Theophrastus Bombastus von Hohenheim, 1493-1541) empregava a pedra-ímã como um ingrediente de um emplastro usado para ferimentos com arma branca.[67] Ele rejeitava a medicina tradicional de Avicenna (980-1037) e as ideias de Galeno (*c.* 131-*c.* 201) e iniciou uma linhagem de médicos que confiavam mais em drogas químicas, em vez de ervas, para tratar seus pacientes.

William Gilbert menciona em *De magnete* autores que receitavam a pedra-ímã, dentre os quais estão Dioscorides, Galeno e Garcias ab Horto. Desde então, muitos médicos empregaram ímãs. Um dos casos mais conhecidos é o do irlandês Valentine Greatrakes (*c.* 1628-*c.* 1700),[68] no século XVII, que dizia ter realizado muitas "curas", conseguindo grande número de pacientes.[69] Athanasius Kircher (1601-1680), em

Magnes, sives de arte magnetica (O ímã, ou sobre a arte magnética, 1641), discute o poder curativo do ímã e a importância do magnetismo em muitos fenômenos naturais; ele conclui que Deus é o ímã de toda a natureza (*totius naturae magnes*).[70]

No século XVIII, Friedrich (ou Franz) Anton Mesmer (1734-1815), médico alemão que atuava em Viena, publicou o *De planetarum influxu in corpus humanum* (A influência dos planetas sobre o corpo humano, 1766). Mais tarde soube dos experimentos dos médicos ingleses com ímãs e passou a pensar em termos de um "magnetismo animal", uma faculdade humana que poderia ser restaurada por meio do uso terapêutico do ímã. Mesmer passava ímãs na pele das pessoas e induzia um estado que descreveríamos hoje como equivalente a um transe hipnótico. Em 1776 abandonou o uso do ímã, mas continuou a se referir ao fenômeno como magnetismo animal. Acreditava que um *fluido magnético* passava dele para os pacientes, induzindo o transe.

Mesmer era amigo de Wolfgang Amadeus Mozart (1756-1791), que incluiu uma referência ao mesmerismo em uma cena da ópera *Così fan tutte* (Assim fazem todas), de 1790. Um dos personagens finge ser Mesmer e aplica um grande ímã em forma de ferradura em duas damas, que se recuperam imediatamente de suas enfermidades. Além disso, a primeira produção de *Bastien und Bastienne*, uma *singspiel* (tipo de ópera) de um ato, teria se dado nos jardins da casa de Mesmer, em 1768.

O médico alemão podia hipnotizar as pessoas sem o ímã, técnica que aperfeiçoou ao se mudar para Paris em 1778, adotando o *baquet*, uma arca contendo ácido e equipada com partes de ferro que estariam magnetizadas. Os pacientes sentavam-se em círculo em torno da arca, enquanto Mesmer fazia passes sobre eles. Dizia ter conseguido muitas curas, e de fato ele e seus seguidores publicaram centenas de relatos de casos. Com o tempo, sua reputação disparou. Em Paris ele se beneficiava de uma atmosfera geral favorável à ciência e, consequentemente, às terapias que aparentavam ser científicas.[71] Diz-se que o governo francês teria oferecido a ele 20 mil francos para que revelasse seus segredos, mas Mesmer teria recusado.

A palavra "mesmerismo" foi empregada por algum tempo para a indução desse estado psicológico em pacientes, até ser substituída por "hipnotismo", termo usado pela primeira vez em 1843 por James Braid (*c.* 1795-1860), médico em Manchester, Inglaterra.

Embora a hipnose tenha evoluído para se tornar uma ferramenta terapêutica de amplo uso, as atividades de Mesmer encontraram oposição crescente dos médicos franceses. Isso conduziu à nomeação, pelo rei Luís XVI, em 1784, de uma comissão formada, entre outros, por Benjamin Franklin (1706-1790) e pelo químico francês Antoine-Laurent Lavoisier (1743-1794) para investigar a prática de Mesmer: ele finalmente foi acusado de charlatanice e teve de deixar o país. Seu uso do *baquet* sobreviveu nos círculos de assistentes espíritas, com reputação científica igualmente ruim.

O trabalho de Mesmer faz parte da genealogia da moderna psicanálise. O itinerário seguido foi mesmerismo, hipnotismo e psicanálise — e a concepção comum é a ideia de transferência: para Mesmer, um fluido cósmico; para Sigmund Freud (1856-1939), uma das fontes criativas do inconsciente.[72]

Leituras adicionais

A. Wolf, *History of Science, Technology, and Philosophy in the 16th and 17th Century*, v. 1, 2ª ed., George Allen & Unwin, Londres, 1962a.

A. Wolf, *History of Science, Technology, and Philosophy in the 18th Century*, v. 1, 2ª ed., George Allen & Unwin, Londres, 1962b.

B. Dibner, *Oersted and the Discovery of Electromagnetism*, Blaisdell Publishing Company, Nova York, 1962.

George Sarton, *Introduction to the History of Science*, v. I, Robert E. Krieger Publishing Company, Malabar, 1927, reimpresso em 1975.

S. Sambursky, *Physical Thought: from the Presocratics to the Quantum Physicists*, Pica Press, Nova York, 1974.

Notas

1. Max Planck, "The Unity of the Physical World-Picture", *in Physical Reality, Essays on Twentieth-Century Physics*, Stephen Toulmin (org.), Harper & Row, 1970, Nova York, p. 3.
2. Pliny the Elder, *Natural History: a Selection*, Book XXXVII, nº 48, Penguin Books, Londres, 1991, p. 370.
3. Duane H. D. Roller, *The De magnete of William Gilbert*, Menno Hertzberger, Amsterdã, 1959, p. 22.
4. Plato, *in* "Meno" (80a), *Great Books*, v. 7, Encyclopaedia Britannica, Chicago, 1978, p. 179.
5. Aristotle, *History of Animals*, 620b (18), *Great Books*, v. 9, Encyclopaedia Britannica, Chicago, 1978, p. 146.
6. George Sarton, *Introduction to the History of Science*, v. I, Robert E. Krieger Publishing Company, Malabar, 1927, reimpresso em 1975, p. 241.
7. Chau H. Wu, "Electric Fish and the Discovery of Animal Electricity", *American Scientist*, v. 72, novembro-dezembro de 1984, p. 601.

8. Niccolo Cabeo, "Philosophia Magnetica" (1629), v. II, p. 21, citado por A. Wolf, *History of Science, Technology and Philosophy in the 16th and 17th Century*, vol. 1, 2ª ed., George Allen & Unwin, 1962, Londres, p. 303.
9. A. Wolf, *History of Science, Technology, and Philosophy in the 16th and 17th Century*, *op. cit.*, p. 303.
10. A. Wolf, *op. cit.*, p. 303.
11. E. Bauer, "L'electricité et le magnetisme au XVIIIe siècle", *in* R. Taton (a), *Histoire Générale des Sciences*, v. II, Presses Universitaires de France, Paris, 1958, p. 523.
12. *Idem*, *ibidem*.
13. E. Bauer, *op. cit.*, p. 525.
14. Bernard Cohen, *in* "Benjamin Franklin", *Lives of Sciences, a Scientific American Book*, Simon and Schuster, Nova York, 1957, reimpresso da Scientific American, agosto de 1948, p. 117.
15. A. Wolf, *op. cit.*, p. 230; Paul Fleury Mottelay, *Bibliographical History of Electricity and Magnetism*, Arno Press, Nova York, 1975, p. 1.521
16. A. Wolf, *op. cit.*, p. 234.
17. E. Bauer, *op. cit.*, p. 521.
18. A. Wolf, *op. cit.*, p. 224.
19. A. Wolf, *op. cit.*, p. 222.
20. Laura Bossi, "L'âme electrique", *L'âme au corps, arts et sciences 1793-1993*, Jean Clair (org.), Galimard, Paris, 1994, p. 163.
21. T. M. Brown, "Galvani", in *Dictionary of Scientific Biographies*, C. C. Gillispie (org.), Charles Scribner's Sons, Nova York, 1980, p. 268.
22. J. L. Heilbron, "Volta", *in Dictionary of Scientific Biographies*, *op. cit.*, p. 76.
23. M. Godwin Shelley, *Frankenstein or the Modern Prometheus*, organizado por M. K. Jozepth, Oxford University Press, Oxford, 1969, citado por Laura Bossi, *op. cit.*, p. 169.
24. J. L. Heilbron, *op. cit.*, p. 69.
25. J. L. Heilbron, *op. cit.*, p. 76.
26. A. Wolf, *op. cit.*, p. 256.
27. J. L. Heilbron, *op. cit.*, p. 79.

28. S. Sambursky, *Physical Thought: from the Presocratics to the Quantum Physicists*, Pica Press, Nova York, 1974.
29. W. K. C. Guthrie, *The Greek Philosophers — From Thales to Aristotle*, Methuen & Co., Londres, 1967, p. 36.
30. Roger Boscovich, *Theoria Philosophiae Naturalis*, citado em *Theories of Everything*, J. D. Barrow, Clarendon Press, Oxford, 1991, p. 17.
31. Steve Adams, "A theory of everything", *New Scientist*, v. 161 (2174) (1999) A1.
32. C. F. von Weizsäcker, "The World-View of Physics", 1952, traduzido por Marjorie Grere a partir da 4ª edição alemã, 1949, p. 30, citado por W. K. C. Guthrie, *A History of Greek Philosophy*, v. I, Cambridge University Press, Cambridge, 1967, p. 70.
33. Immanuel Kant, *Metaphysical Foundations of Natural Science*, Bobbs-Merrill, Indianápolis, 1970, p. 93, citado por Timothy Shanahan, "Kant, *Naturphilosophie*, and Oersted's Discovery of Electromagnetism: a Reassessment", *Studies in History and Philosophy of Science*, v. 20, 1989, p. 294.
34. Philosophical Transactions, Londres, v. XI, 1676, p. 647.
35. Philosophical Transactions, Londres, v. XXXIX, 1735, p. 74 e 75.
36. Hans Christian Andersen, citado por B. Dibner, *Oersted and the Discovery of Electromagnetism*, Blaisdell Publishing Company, Nova York, 1962, p. 64.
37. Timothy Shanahan, "Kant, *Naturphilosophie*, and Oersted's Discovery of Electromagnetism: a Reassessment", *Studies in History and Philosophy of Science*, v. 20, 1989, p. 287-305.
38. Timothy Shanahan, *op. cit.*, p. 298.
39. Pierre Thuiller, "De la philosophie à l'électromagnetisme: le cas Oersted", *Recherche*, v. 21, 1990, p. 344-350.
40. Arthur Eddington, citado por M. Kline, *Mathematics and the Search of Knowledge*, Oxford University Press, Nova York, 1985, p. 217.
41. L. Pearce Williams, "Oersted", *in Dictionary of Scientific Biographies*, *op. cit.*, p. 185.
42. Robert C. Stauffer, "Speculation and Experiment in the Background of Oersted's Discovery of Electromagnetism", ISIS, v. 48, 1953, p. 41.
43. Timothy Shanahan, *op. cit.*, p. 287.

44. H. C. Oersted, "Thermo-electricity", *in* Edinburgh Encyclopaedia, XVIII, 1830, p. 573-589, citado por L. Pearce Williams (a), *op. cit.*, 1980.
45. H. C. Oersted, "Annals of Philosophy", 1820, *in* S. Sambursky, *op. cit.*, p. 379.
46. H. C. Oersted, "Annals of Philosophy", *op. cit.*, p. 380.
47. L. Pearce Williams, *op. cit.*, p. 185.
48. L. Pearce Williams (b), "What Were Ampère's Earliest Discoveries in Electrodynamics?", ISIS, v. 74, 1983, p. 507.
49. L. Pearce Williams (b), *op. cit.*, p. 492-508.
50. H. C. Oersted, *Scientific Papers*, K. Mayer (org.), Copenhagen, Andr. Fred. Høst and Son, 1920, p. cxiv, citado por L. Pearce Williams (b), *op. cit.*, p. 494.
51. L. Pearce Williams (b), *op. cit.*, p. 507.
52. A. M. Ampère, "Recueil d'observations électrodynamiques" (1822), *in* S. Sambursky, *op. cit.*, p. 385.
53. J. R. Hofmann, "Ampère, Electrodynamics, and Experimental Evidence", Osiris, 2ª série, v. 3, 1987, p. 48.
54. M. Faraday, *Great Books* v. 45, Encyclopaedia Britannica, 1978, Chicago, p. 265, 24 de novembro de 1831.
55. *Idem.*
56. L. Pearce Williams (c), "Faraday", *in Dictionary of Scientific Biographies*, *op. cit.*, p. 528.
57. D. K. C. MacDonald, *Faraday, Maxwell, and Kelvin*, Anchor Books, Nova York, 1964, citado por G. L. Verschuur, *Hidden Attraction: the History and Mystery of Magnetism*, Oxford University Press, Nova York, 1993, p. 82.
58. J. R. Hofmann, "Ampère, Electrodynamics, and Experimental Evidence", Osiris, 2ª série, v. 3, 1987, p. 76.
59. L. Pearce Williams (c), *op. cit.*, p. 530.
60. R. J. Forbes e E. J. Dijksterhuis, *A History of Science and Technology*, v. 2, Penguin Books, 1963, Harmondsworth, p. 456.
61. Miroslav Holub, "Magnetism", *Poetry Review*, v. 85, 1995, p. 29.
62. Mitchell Wilson, "Joseph Henry", *in Lives of Sciences, a Scientific American Book*, Simon and Schuster, Nova York, 1957, reimpresso de Scientific American, julho de 1954, p. 148.

63. J. R. Hofmann, *op. cit.*, p. 68.
64. H. S. Lipson, *The Great Experiments in Physics*, Oliver & Boyd, Edinburgh, 1968, p. 103.
65. E. J. Hobsbawn, *Industry and Empire, The Pelican Economic History of Britain, Volume 3, From 1750 to the Present Day*, Penguin Books, Harmondsworth, 1969, p. 173.
66. Duane H. D. Roller, *op. cit.*, p. 27.
67. W. Gilbert, "De magnete", *Great Books*, v. 28, Encyclopaedia Britannica, Chicago, 1978, p. 20.
68. Albert L. Caillet, *Manuel Bibliographique des Sciences Psychiques ou Occultes*, tomo II, reimpresso por B. de Graaf, Nieuwkoop, 1964, p. 198.
69. E. G. Boring, "Hypnotism", *in A History of Experimental Psychology*, R. M. Elliott (org.), 2ª ed., Prentice-Hall, Nova Jersey, 1957, p. 116-133.
70. A. Wolf, *op. cit.*, p. 298.
71. Andrew Steptoe, *Mozart, Mesmer, and 'Così Fan Tutte'*, Music & Letters, v. 67, 1986, p. 252.
72. Heinz Schott, "Neurogamies. De la relation entre mesmerism, hypnose et psychanalyse", *L'Âme au Corps, Arts et Sciences 1793-1993*, Jean Clair (org.), Galimard, Paris, 1994, p. 153.

CAPÍTULO 4 "Agindo onde não está": magnetismo e ação a distância

> Não tenho nenhuma nova descoberta para apresentar aos senhores esta noite. Devo pedir que revejam um tema muito antigo e que voltem sua atenção para uma questão que tem sido levantada repetidamente desde que os homens começaram a pensar: a questão da transmissão da força.
>
> James Clerk Maxwell, em comunicação na Royal Society, em 1854

ATRAÇÃO MAGNÉTICA

O aspecto mais assombroso do magnetismo tem sido sempre o efeito de um objeto sobre outro sem qualquer vínculo material visível entre eles, o que pode ser observado com um ímã e um pedaço de ferro ou com dois ímãs. A interação entre dois ímãs pode ser descrita de forma simples por meio do conceito de polos (ver Capítulo 2). Em cada ímã existem dois polos, norte e sul, que podem ser considerados como pontuais e que exercem forças um sobre o outro. Entre polos iguais, a força é repulsiva; entre polos opostos, é atrativa. Portanto, se dois polos iguais de dois ímãs estão mais próximos um do outro do que os polos opostos, o efeito final será de repulsão (Figura 17). No entanto, se dois ímãs estão localizados longe um do outro, as forças entre os polos iguais e entre os polos opostos serão aproximadamente as mesmas, e o resultado final não será de atração nem de repulsão. Nessa situação, as forças aplicadas sobre os dois polos em geral terão intensidades iguais e direções opostas, e sua soma é zero. Elas podem, no entanto, produzir um torque. Esse é o caso da força aplicada pelo campo magnético da Terra sobre a agulha de uma bússola: a força total é zero (isto é, a agulha não é atraída para algum dos polos), mas existe uma tendência a girar a agulha, que a alinha na direção norte-sul. Podemos então dizer que, em um campo magnético uniforme, como o campo da Terra que age sobre a agulha, a força total é zero, e a atração magnética que se associa à ação do ímã é de fato observada apenas em campos não uniformes, como na vizinhança imediata de um ímã.

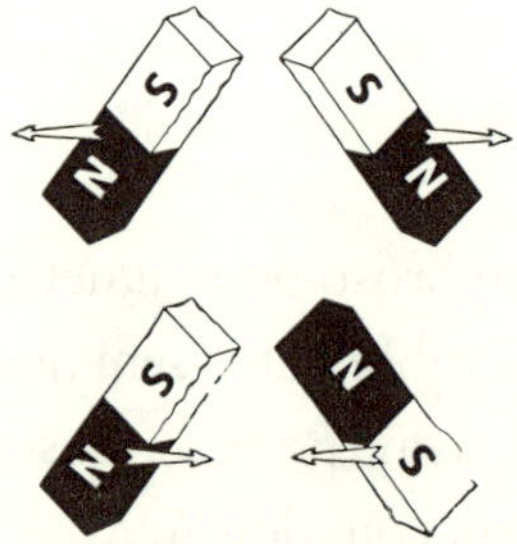

Figura 17 Repulsão e atração entre dois ímãs.

Usando dois longos ímãs em forma de barra podemos medir as forças que o polo de um ímã exerce sobre o polo de outro magneto. Medindo as forças e variando a separação entre eles, pode ser determinado como a força varia de acordo com a distância. Isso foi feito pelo físico francês

Charles-Augustin de Coulomb (1736-1806), que publicou seus resultados em 1785 nas Mémoires de l'Académie Royale des Sciences; ele verificou que essa força é proporcional ao inverso do quadrado da distância. Quando se duplica a distância, a força magnética é reduzida a 25% da sua força inicial. Coulomb também verificou a mesma lei para a força entre objetos eletricamente carregados.

Quando aproximamos um pedaço de ferro de um ímã, o primeiro comporta-se como se tivesse adquirido magnetismo. O ferro é "magnetizado", isto é, torna-se temporariamente um ímã, e a força de atração mútua entre o ferro e o ímã, ou magneto, é do mesmo tipo da que atua entre dois ímãs, como descrito anteriormente (Figura 17).

Os fenômenos da atração magnética e da repulsão foram explicados pela maioria dos filósofos gregos na Antiguidade em termos de ação contígua, isto é, ação através de um meio interveniente: a pedra-ímã atuaria sobre esse meio, que, por sua vez, levaria a influência da pedra ao pedaço de ferro. A ideia de ação direta a distância em geral era rejeitada.

No entanto, nos primórdios da ciência moderna, nos séculos XVI e XVII, o conceito de ação a distância ganhou apoio crescente, e a atração magnética tornou-se o paradigma dessa ação. Finalmente, a ideia de ação a distância atingiria seu auge com a teoria da gravitação de Isaac Newton.

Pensava-se, na Antiguidade, que dois corpos só poderiam afetar um ao outro se estivessem em contato físico direto; se esse não fosse o caso, algo entre eles precisaria transmitir a influência de um sobre o outro. Por exemplo, para Lucrécio (Titus Lucretius Carus), o filósofo e poeta latino que viveu no século I a.C., a presença do ar era importante para produzir a atração entre um ímã e o ferro: "Uma corrente flui dessa pedra que empurra o ar, criando um vácuo; esse atrai o ferro".[1] O grande filósofo Platão, que viveu na Grécia (*c.* 428-348 a.C.), expressou uma visão semelhante por meio do personagem Timeu.*[2]

Outro grande filósofo grego, Aristóteles (384-322 a.C.), pensava que os objetos só podiam ser movidos se existisse contiguidade da fonte do movimento com o objeto movido. Ele escreveu: "Existem quatro maneiras de um objeto ser movido por um agente externo: sendo empurrado, puxado, carregado ou girado".[3] A concepção de Aristóteles foi um passo adiante no sentido de atribuir importância ao meio, considerando que sua presença era necessária também para manter o objeto em movimento. Tratando de projéteis, escreveu:

> Pois, no caso desses, o movimento continua mesmo quando aquilo que o iniciou não está mais em contato [com as coisas que se movem]. Pois o que os pôs em movimento move uma certa porção de ar, e esse, por sua vez, ao se mover, provoca o movimento de outra porção; desse modo, [os corpos] no ar ou nos líquidos continuam a se mover, até chegar à imobilidade.[4]

Na Antiguidade, a noção de um meio interveniente foi reforçada pelos estoicos, que invocaram um *pneuma*, da palavra grega para "ar" ou "sopro". Uma mistura de ar e fogo existente em todos os lugares e que tinha propriedades

*Timeu fala: "As maravilhas que são observadas sobre a atração do âmbar e das pedras heraclianas [pedras-ímã] — em nenhum desses casos existe qualquer atração; mas aquele que investigar corretamente descobrirá que tais fenômenos maravilhosos são devidos à combinação de certas condições — a não existência de um vácuo, o fato de que os objetos empurram uns aos outros e que eles trocam de lugar, passando várias vezes para as suas posições próprias à medida que são divididos ou combinados."

elásticas, o *pneuma* era capaz de transmitir forças a distância. Um exemplo de um efeito a distância através de um meio é dado nos escritos de Teon de Esmirna (*c.* 100 d.C.), descrevendo o fenômeno das cordas ressonantes de um instrumento musical: "As cordas ressoam umas com as outras — se em um instrumento de cordas uma delas é percutida, então a outra, por parentesco ou simpatia, soa de acordo."[5]

Outros autores frequentemente viam a atração magnética como originária de um fluxo de vapores (eflúvios), ou uma corrente de corpúsculos. Isso é encontrado na visão de Lucrécio, citada acima, e na dos neoplatônicos. No fim da Antiguidade, os neoplatônicos atribuíam os efeitos a distância à propagação de corpúsculos que podiam empurrar ou induzir uma força atrativa, essa última no caso da atração magnética.[6] Nessa mesma linha, e muito antes, o filósofo grego Empédocles de Acragas, que viveu no século V antes de nossa era, encarava a ação do ímã sobre o ferro (segundo relatado por seu contemporâneo Alexandre) como decorrente de efluências, ou vapores, emitidos através dos poros do magneto e do ferro.

A mesma ideia de eflúvios sobreviveu até a Idade Moderna, como é mostrado, por exemplo, nos escritos do século XVII do grande filósofo francês René Descartes (1596-1650). Descartes, em seu *Principiorum philosophiae* (*Princípios de filosofia),* de 1644, atribuía a atração do ferro pelo ímã a "partículas com rosca" ou com estrias (*particulae striatae*, no original em latim), que "expelem o ar entre eles, fazendo-os aproximar-se um do outro".[7] Duas correntes de partículas fluiriam através do ímã, uma em cada direção.

O próprio Isaac Newton, louvado acima de tudo como o criador da teoria da gravitação universal, hesitava em aceitar a possibilidade de ação a distância.

Ele escreveu em 1692, em uma carta para o sábio e sacerdote Richard Bentley (1662-1742),*[8] que supor

> que um corpo pode agir sobre outro, a uma distância através do vácuo, sem a mediação de qualquer outra coisa, (...) é para mim um tamanho absurdo que não acredito que um homem que tenha uma faculdade competente de pensar em questões filosóficas possa jamais acreditar nisso.

No Oriente, as ideias de ação a distância eram mais amplamente aceitas, pois encaixavam-se melhor no quadro da filosofia chinesa, que em geral favorecia ações recíprocas em vez de relações em um único sentido. A diferença entre as visões chinesa e ocidental da mecânica levava a uma ênfase em ações a distância, em lugar daquelas de choque mecânico.[9] O filósofo árabe Averroes (Ibn Rushd, 1126-1198) explicou a ação do ímã por meio de um mecanismo que chamava de "multiplicação das espécies". Isso significava que a pedra-ímã modificava o ar em sua proximidade, que, por sua vez, modificava o ar mais distante, até que essa influência chegasse ao pedaço de ferro, que sofria, então, o efeito dessa "virtude".

O conhecimento de fenômenos magnéticos resultou no estabelecimento do magnetismo como o paradigma da ação entre corpos não contíguos. Essa tendência foi reforçada com o trabalho de William Gilbert, por meio do seu celebrado livro *De magnete* (ver Capítulo 2); para esse cientista, o magnetismo era a força determinante que mantinha coeso o sistema solar. Na época, muitos autores usavam a palavra

*De acordo com o filósofo Karl Popper, Newton condenou aqui, por antecipação, todos os seus seguidores (Karl R. Popper, *Conjectures and Refutations*, Londres, Routledge and Kegan Paul, 1972, p. 107).

magnetismo para descrever todo tipo de atração, até a força gravitacional. Em *Novum Organum* (Novo instrumento), sua mais importante obra, o filósofo e escritor inglês Francis Bacon (1561-1626) escreveu sobre "poderes magnéticos" responsáveis pela elevação das águas no fenômeno das marés.[10] O paradigma do magnetismo também está claro no texto da *Epítome da astronomia copernicana* (1618-1621), de Johannes Kepler (1571-1630), sobre o sistema solar, no qual se refere a similaridades e diferenças entre a atração dos planetas pelo Sol e a ação da pedra-ímã.[11] Ele argumenta:

> Mas não é inacreditável que os corpos celestes sejam gigantescos ímãs? Pois então leia a filosofia do magnetismo do inglês William Gilbert, pois em seu livro, embora o autor não acredite que a Terra se mova entre as estrelas, ele atribui uma natureza magnética a ela, por meio de muitos argumentos, e ensina que os fios magnéticos ou filamentos se estendem em linhas retas do sul ao norte. Portanto, não é absurdo ou incrível que qualquer um dos planetas primários seja o que um dos planetas primários, ou seja, a Terra, o é.[12]

MATÉRIA SUTIL: O ÉTER

A ideia de que a presença de um meio era necessária para transportar interações entre objetos distantes é muito antiga. O filósofo estoico grego Crisipo (*c.* 280-207 a.C.), de Soli, que viveu no século III a.C., descrevia a visão como mediada por uma tensão no ar entre o olho e o objeto. O nome original dado ao meio intermediário era *pneuma*. Na Idade Moderna, a partir do século XVII, muitos autores postularam um éter, do grego *aither*, que significava originalmente ar, ou fogo.[13] Esse seria o meio responsável por levar a atração entres os planetas ou, em geral, a influência entre objetos não contíguos exercida pelas forças gravitacionais ou magnéticas. Para os gregos depois de Aristóteles, e provavelmente para muitos pensadores antes dele,[14] o éter preenchia a parte superior do céu e era o material de que eram feitos estrelas e planetas.[15] Acima da terra, da água, do ar e do fogo, o éter era o "quinto elemento" que constituía o universo.

William Gilbert fez seus experimentos em magnetismo no fim do século XVI. Ele e outros pensadores, como René Descartes, imaginavam que alguma matéria fluida existente em torno de um ímã tinha vórtices que explicavam a atração magnética. Descartes usou a mesma explicação para a atração gravitacional:[16] "...vamos supor que o material dos céus onde os planetas estão circula sem parar, como um redemoinho com o Sol em seu centro, e que as partes que estão mais próximas do Sol movem-se mais rapidamente do que aquelas que estão a uma certa distância dele." Portanto, os corpos não exerceriam forças uns sobre os outros através do espaço vazio; em vez disso, seriam afetados por redemoinhos no meio que preenchia o espaço.

Mais tarde, no século XVIII, com o desenvolvimento das ideias mecanicistas, a atração magnética foi pensada como resultante das propriedades mecânicas de um meio invisível. Do mesmo modo que uma cadeia de pedaços de limalha de ferro próxima a um ímã transmitia uma força de um pedaço para o outro, formando os conhecidos desenhos, o vácuo também teria essa propriedade.

Até a segunda metade do século XIX, os físicos ainda inventavam formas de explicar o papel de um meio material como a "causa" da gravidade. Por exemplo, o físico norueguês Carl Anton Bjerknes (1825-1903), pesquisando uma função para esse meio, demonstrou, em 1874, que uma força que variava com o inverso do quadrado da distância surgia entre duas esferas pulsantes no interior de um fluido.[17]

A necessidade da existência desse meio preenchendo o espaço também foi postulada para explicar a propagação da luz. O holandês Christiaan Huygens (1629-1695) foi um dos proponentes desse ponto de vista. Dentro do quadro mecanístico, Huygens, sabendo que as ondas sonoras se propagam mais rapidamente em fluidos menos compressíveis, e também que a velocidade da luz é tão imensa, concluiu que "as partículas do éter são de uma substância que é tão próxima da dureza perfeita e de uma elasticidade tão imediata quanto o escolhermos".[18] Outros pensadores sustentavam que a propagação da luz exigia algo material, como Descartes, que não acreditava na existência do vácuo. Para ele, todo o espaço estava preenchido por partículas — o espaço era um *plenum* — por meio das quais "a ação da luz é comunicada".[19]

O astrônomo Johannes Kepler, nascido em 1571, também acreditava em um éter e pensava que tal existência poderia ser reconciliada com o movimento dos planetas através do espaço. Argumentava que o éter "cede diante da passagem dos corpos móveis não menos prontamente do que cede à luz do Sol e das estrelas",[20] e era tão fino que não representava um obstáculo ao movimento dos planetas.

Muitos autores compartilhavam essa noção de que a luz exigia um meio como suporte para sua propagação. Newton exprimiu o mesmo ponto de vista em *Tratado de óptica* (1704).[21]

Próximo ao fim do século XIX, James Clerk Maxwell (1831-1879, Figura 18) discutiu a propagação da luz, inicialmente em termos de tensões em um meio que preenchia o espaço. Mais tarde afastou-se de uma visão puramente mecânica, refinando suas ideias de tal modo que o éter proposto por ele foi encarado pelos proponentes de modelos com fluidos como "demasiadamente etéreo".[22]

Figura 18 James Clerk Maxwell (1831-1879), físico escocês que primeiro formulou a teoria do eletromagnetismo.

A ideia da existência de um éter permaneceu até ser abalada por um experimento sobre a propagação da luz em diferentes direções relativas à direção do movimento da Terra, realizado em 1881, pelo físico americano nascido na Alemanha Albert Abraham Michelson (1852-1931), e depois repetido diversas vezes, com a assistência do químico americano Edward Williams Morley (1838-1923), até 1929. O experimento consistiu na comparação entre o tempo de percurso de dois raios de luz perpendiculares percorrendo trajetórias de mesmo comprimento, nas direções norte-sul e leste-oeste, empregando[23] técnicas muito precisas que usavam a interferência* da luz. Essa famosa experiência demonstrou que a luz se propagava com a mesma velocidade na direção do movimento da Terra em torno do Sol, ou na direção perpendicular a essa. Esse não seria o resultado encontrado se a Terra se movesse em relação a um éter que preencheria o espaço interplanetário em que se propagava.

Esse desacordo teve um impacto importante sobre as ideias de como a luz poderia se propagar no vácuo. O golpe final que tornou a ideia do éter completamente supérflua foi dado por Albert Einstein (1879-1955) com sua teoria da relatividade especial, publicada em 1905, segundo a qual nenhum suporte era necessário para a propagação da luz: aceitou-se que a luz (e, como veremos a seguir, todas as outras radiações eletromagnéticas) podia viajar através do espaço vazio.

A MAÇÃ E A LUA

Como já foi mencionado, a ideia da ação a distância foi plenamente estabelecida com o triunfo da teoria da gravitação newtoniana. As primeiras ideias desse tipo se expressaram de forma mais ou menos precisa por muitos pensadores, por exemplo, pelo astrônomo Johannes Kepler, que compreendia

*Interferência é o efeito que surge da superposição de duas ondas. Quando duas ondas idênticas que se movem na mesma direção se encontram e as cristas e os vales coincidem, o efeito é que as duas ondas se somam e a amplitude total é dobrada. Se, por outro lado, as cristas de uma onda coincidem com as depressões da outra, o efeito é que uma cancela a outra. No caso de ondas de luz incidindo sobre uma tela, na primeira situação uma faixa clara é produzida; na segunda, uma faixa escura.

que duas pedras, dependendo de suas massas, "se juntariam, à maneira dos objetos magnéticos".[24] Encontramos também nos escritos de Francis Bacon:

> Muitos poderes agem e fazem efeito apenas por contato estrito, como na percussão de dois corpos (...). Outros poderes agem a distância, mesmo que os efeitos sejam pequenos e poucos tenham sido notados, embora possam existir mais do que os homens suspeitam.[25]

Foi com Newton, no entanto, que o ponto de vista da ação a distância atingiu seu auge. Isaac Newton (Figura 19) nasceu no Natal de 1642, próximo à vila de Colsterworth, em Lincolnshire, Inglaterra. Foi um bebê prematuro que cresceu para tornar-se um jovem solitário que entrou na Universidade de Cambridge com 18 anos.

Figura 19 Isaac Newton (1642-1727), físico e matemático inglês, um dos maiores cientistas de todos os tempos.

Em 1665 os estudantes de Cambridge foram mandados de volta para casa com o objetivo de evitar a Grande Peste, uma epidemia de peste bubônica que matou, apenas em Londres, cerca de 70 mil pessoas, o que representava aproximadamente um sétimo da população da cidade. Newton, que tinha se formado no mesmo ano, voltou para a fazenda da família em Woolsthorpe e lá viveu por quase dois anos, em um período notavelmente criativo conhecido como seus *anni mirabilis*, os anos maravilhosos da história da ciência. Muitas das suas descobertas, inclusive o cálculo, o teorema do binômio, a decomposição da luz branca nas cores do arco-íris e, acima de tudo, os alicerces da teoria da gravitação, foram feitas nesses anos. Cinquenta anos depois, ele descreveu suas realizações nesse período com as seguintes palavras:

> No início de 1665 descobri o método de aproximação por séries e a regra para reduzir qualquer dignidade [grau] de qualquer binômio em tal série. No mesmo ano, em maio, descobri o método das tangentes de Gregory & Slusius, e em novembro tinha o método direto de fluxions [cálculo diferencial]. No ano seguinte, em janeiro, consegui a teoria das cores, e no maio seguinte iniciei o método inverso de fluxions [cálculo integral]. E no mesmo ano comecei a pensar na gravidade se estendendo até a órbita da Lua (quando achei como estimar a força com a qual [um] globo girando dentro de uma esfera pressiona a superfície da esfera) e, ao considerar a regra de Kepler dos tempos periódicos dos planetas em proporção sesquiáltera [isto é, em potências 3/2] das distâncias dos centros de suas órbitas, deduzi que as forças que mantêm os planetas em suas órbitas devem

> [ser] recíprocas dos quadrados das distâncias dos centros em torno do qual eles giram: e desse modo comparei as forças necessárias para manter a Lua em sua órbita com a força da gravidade na superfície da Terra, e encontrei a resposta [concordando] bem proximamente.[26]

Essa incrível lista de descobertas marca um período de tirar o fôlego na história intelectual da humanidade. O nome de Isaac Newton é habitualmente associado com a teoria da gravitação por meio da história segundo a qual Newton teria tido uma revelação quando observou a queda de uma maçã de uma árvore em seu jardim. Suas anotações, no entanto, revelam que Newton chegou ao conceito da gravitação por meio de uma análise cuidadosa, não como resultado de uma descoberta súbita. Revelação ou não, a autenticidade do episódio com Newton, que envolveu a queda de uma maçã em Lincolnshire em 1666, é confirmada por pelo menos três contemporâneos independentes.[27] Se a gravidade atingia um ramo de uma macieira e era responsável pela queda da fruta, por que não atingiria a Lua, nesse caso afetando seu movimento em torno da Terra? Se a Terra não existisse, a Lua se moveria ao longo de uma linha reta. Poderíamos pensar que a cada instante que a Lua se desviava dessa linha reta em sua órbita quase circular (elíptica), ela estaria "caindo" para a Terra, em analogia com a maçã.

Esse foi um passo ousado: relacionar a noção prosaica de peso — a tendência dos corpos a cair — a fenômenos que ocorrem no céu. As leis da natureza que regiam o mundo sublunar poderiam estender seu território ao reino dos céus, um conceito em completa oposição à visão aristotélica clássica de um mundo separado em esferas supralunar e sublunar.

O caminho percorrido por Newton para chegar à gravitação universal começa com a compreensão de que a Lua tem peso como os objetos ordinários na Terra; daí ele supôs que a mesma força agia entre o Sol e os planetas e entre os planetas e os satélites; finalmente, que esse tipo de interação era um princípio universal, aplicável a todos os objetos do universo.[28]

Embora Newton relutasse em aceitar a ideia de ação a distância (veja a citação anterior, de uma carta escrita em 1692 a Richard Bentley), ele chegou a adotá-la como a base da sua teoria da gravitação universal. Seu profundo interesse em alquimia tornou possível que aceitasse esse tipo de ação, um elemento comum nas ciências ocultas.*[29]

Sua visão da atração magnética era mais ambígua. Na 31ª questão no *Tratado de óptica*, ele junta gravidade, magnetismo e eletricidade para afirmar que "as pequenas partículas dos corpos (têm) certos poderes, virtudes ou forças, por meio dos quais agem a distância... umas sobre as outras para produzir uma grande proporção dos fenômenos da natureza."[30] No entanto, parece que pela maior parte da sua vida, Newton encarou as interações magnéticas em termos mecanicistas, agindo por meio de eflúvios, em uma visão muito próxima à maioria dos seus contemporâneos e de Descartes. Isso está presente, por exemplo, em outra passagem da segunda edição inglesa da *Óptica* (1717): "E como os eflúvios de um ímã podem ser tão finos e sutis para passar através de uma placa de vidro sem resistência ou diminuição de sua força e ainda serem capazes de girar a agulha magnética através do vidro?"[31] Em um manuscrito não publicado guardado na biblioteca da Universidade de Cambridge, ele se refere

*"Temos toda a razão de supor que se Newton *não* estivesse imbuído da alquimia e de outros ensinamentos mágicos, ele nunca teria proposto forças de atração e repulsão entre os corpos como a característica principal do seu sistema físico" (J. Henry, "Newton, Matter and Magic", *in Let Newton Be*, J. Fauvel (org.), R. Flood, M. Shortland, R. Wilson, Oxford University Press, Oxford, 1989, p. 144).

a duas "correntes insociáveis" que entram nos polos de um ímã.[32] Os escritos dos seguidores de Newton e colaboradores próximos, incluindo Edmund Halley (1656-1742), John Keill (1671-1721) e Samuel Clarke (1675-1729), também exibem uma visão da ação magnética quase cartesiana.[33]

Embora reconhecido durante a vida como um grande cientista, Newton exibiu um lado mesquinho de sua personalidade em muitas controvérsias e disputas de prioridade nas quais se envolveu, especialmente com o filósofo e matemático alemão Gottfried Wilhelm Leibniz (1646-1716) sobre a paternidade do cálculo, e com o físico inglês Robert Hooke (1635-1703) sobre a descoberta da lei da atração relacionada ao inverso do quadrado da distância.

A obra mais importante publicada por Newton foi o livro *Philosophiae Naturalis Principia Mathematica* (Princípios matemáticos da filosofia natural), conhecido como os *Principia*, que apareceu em 1687 e necessitou do apoio e da dedicação do astrônomo Edmund Halley para ser publicado. O segundo tratado que resumia as pesquisas de Newton foi o *Opticks*, publicado em 1704, quando Newton era presidente da Royal Society. O *Opticks* foi escrito sob a forma de questões numeradas (16, na primeira edição) englobando os resultados das suas descobertas desde que era estudante em Cambridge. Em uma versão do *Opticks* planejada para o início da década de 1690, Newton tinha incluído no Livro IV uma demonstração da existência de forças que agem a distância; ele acabou deixando-a de fora, temendo os críticos. Na segunda edição inglesa, adicionou as questões 17 a 24 que tratavam da existência do éter.

Leibniz não conseguia entender por que Newton não tinha tentado encontrar a causa última, ou mecanismo subjacente, à gravitação, em sua opinião, os vórtices que existiam no éter.

Newton discorreu sobre a gravitação, ou sobre a atração, mas não avançou na explicação da sua "causa final".[34]

A força da gravidade foi finalmente descrita sobre uma base científica na mecânica newtoniana. A ideia de ação a distância era aplicável à atração gravitacional, assim como às forças entre cargas elétricas e à atração e à repulsão magnéticas.

No fim da vida, Newton era aclamado na Inglaterra como a maior autoridade científica e o fundador de uma nova ordem no mundo. Ao mesmo tempo, suas ideias não eram aceitas pelos contemporâneos na Europa continental, onde o princípio da ação a distância era considerado arcaico, representando um retorno à física aristotélica.[35] Os modelos mecânicos, que atribuíam a atração entre os corpos celestes a redemoinhos no éter, ainda eram preferidos no continente.

Newton concluiu a última edição dos *Principia* em 1726 e morreu em Kensington no ano seguinte. Em seu túmulo, uma inscrição o homenageava em termos nem um pouco modestos: "Deixemos os mortais se regozijarem pelo fato de ter existido tal e tão grande ornamento da raça humana."

Depois de algum tempo, os ventos começaram a mudar no continente: com o crescimento do empirismo e o sucesso da física newtoniana na astronomia, as ideias de Newton finalmente foram aceitas.[36]

LINHAS DE FORÇA PREENCHEM O ESPAÇO

Dois séculos após os *Principia*, o físico inglês Michael Faraday escreveu: "Como a força magnética é transferida através de corpos ou através do espaço nós não sabemos."[37] Em continuação a essa afirmativa, ele especulava se tal interação era do mesmo tipo das forças entre cargas elétricas, se ela precisava ou não da existência de um éter. Em seu estudo da eletricidade, Faraday inicialmente pensava em termos da ação entre átomos contíguos: ele se inspirava na forma com que um corpo carregado induz cargas de sinal oposto na superfície mais próxima de um corpo vizinho, o qual poderia produzir o mesmo efeito sobre um terceiro corpo. Mas, com o tempo, seu pensamento tendeu gradualmente a abandonar a ideia de ação a distância.

Faraday estudou o padrão formado pela limalha de ferro em volta dos polos de um ímã. A limalha forma cadeias que traçam curvas que convergem sobre os dois polos opostos. Os pontos de convergência coincidem com regiões de campo magnético mais intenso, o que conduziu Faraday a representar o campo magnético com linhas de força (ou linhas de campo) desenhadas no espaço, tais que sua direção em cada ponto era a mesma das forças magnéticas sobre um pedaço de ferro naquele ponto (ou, mais precisamente, a direção da agulha de uma bússola naquele ponto). Seu conceito de linha de força evoluiu de uma mera forma de descrever os campos para linhas "físicas" que mediavam as interações e que tinham toda a "realidade". *Isso representou uma mudança de ênfase que conduziria ao conceito de campo.* "Faraday relegou a partícula a um segundo plano e entronizou em seu lugar linhas de força através do espaço", nas palavras de um dos seus biógrafos.[38] E mais, Faraday, no seu *Experimental Researches* (*Pesquisas experimentais*), considera o meio ou espaço circundante tão essencial quanto o próprio ímã.[39]

O palco estava armado para o nascimento do conceito moderno de campo, uma ideia que teve como ancestral longínquo o *pneuma* e que de certo modo também era relacionada ao conceito de éter.

O TRIUNFO DOS CAMPOS

Antes de Faraday, a ideia de ação a distância também tinha surgido no contexto do entendimento das propriedades da matéria sólida, entre essas a sua impenetrabilidade. O jesuíta Roger Boscovich (1711-1787) desenvolveu, no século XVIII, uma abordagem para o problema da constituição da matéria, que trouxe para o primeiro plano a interação entre átomos. Para ele, os átomos eram objetos pontuais, e sua presença era detectada apenas por meio do seu poder de atrair ou repelir. Essa também era a visão do sacerdote e cientista inglês Joseph Priestley (1733-1804), seu contemporâneo, que argumentava que a matéria sólida tomava essa forma devido à força de repulsão sentida a distância dos objetos.*

James Clerk Maxwell (1831-1879), o notável físico escocês cujas palavras foram citadas na abertura deste capítulo, preocupava-se com o problema da ação a distância. Na mesma comunicação à Royal Society, ele escreveu:[40]

> Vemos que dois corpos a distância exercem uma influência mútua sobre o movimento um do outro. Essa ação mútua depende da existência de uma terceira coisa, algum meio de comunicação, ocupando o espaço entre os corpos, ou os corpos agem um sobre o outro imediatamente, sem a intervenção de nada mais?

*"Concluir que a resistência, único aspecto no qual a nossa opinião sobre a solidez ou impenetrabilidade da matéria está baseada, nunca resulta de a matéria ser sólida, mas de algo de natureza bem diversa, isto é, de um poder de repulsão que sempre age a uma determinada distância daquilo que consideramos o corpo em si" (J. Priestley, "Disquisitions Relating to Matter and Spirit" (1777), *in The Science of Matter*, M. P. Crosland (org.), Penguin Books, Harmondsworth, 1971, p. 116).

Maxwell nasceu em Edimburgo em 1831 e revelou sua aptidão para a matemática muito cedo, ganhando, aos 14 anos, um prêmio com um ensaio sobre ovais (um tipo de curva), que foi lido na Real Sociedade de Edimburgo por um professor. Entrou na Universidade de Edimburgo aos 16 anos e na de Cambridge em 1850 — e criou sua síntese teórica a partir dos fundamentos dos experimentos de Michael Faraday.

Depois de obter seu diploma, Maxwell permaneceu por dois anos no Trinity College, em Cambridge, onde leu as *Pesquisas experimentais* de Faraday. Por alguns anos, estudou a teoria cinética dos gases, um tema ao qual deu importantes contribuições, usando uma imagem simples de moléculas como partículas duras, como bolas de bilhar. Criou a conhecida imagem do "demônio de Maxwell", um ser imaginário que podia separar moléculas rápidas das lentas, desse modo separando uma parte quente (que conteria partículas rápidas) de uma parte fria (partículas lentas) de um gás, uma empreitada proibida, em circunstâncias normais, pela Segunda Lei da Termodinâmica.

Em 1860, tornou-se professor no King's College, em Londres, e por cinco anos dedicou-se aos estudos da eletricidade e do magnetismo. Tomou emprestado o conceito de linhas de força de Faraday e tentou formular uma teoria que as descrevesse dentro de uma sólida estrutura matemática. Produziu então um modelo baseado na dinâmica de fluidos, fazendo uma analogia entre pressão em um fluido hipotético e potencial elétrico. Mostrou, no artigo "Sobre as linhas de força de Faraday", que existia uma perfeita analogia entre a forma das linhas de força no campo eletrostático (em torno de uma carga elétrica) e as linhas de fluxo de um fluido incompressível.

Alguns anos mais tarde elaborou ainda mais o seu modelo, imaginando vórtices que giravam em torno das linhas de força, no artigo "Sobre as linhas de força físicas", ainda seguindo uma abordagem mecânica. O meio (éter) estava dividido em células que giravam em torno da direção das linhas de força na presença do campo magnético. Para permitir às células girar no mesmo sentido, postulou a presença de pequenas esferas que agiam como rodas intermediárias (ou tensores) que acoplavam seus movimentos giratórios.

Sua teoria definitiva foi publicada em 1864, em "Uma teoria dinâmica do campo eletromagnético"; as imagens mecânicas foram então reduzidas a um mínimo, e os fenômenos eletromagnéticos foram descritos em termos de campos presentes em um substrato que tinha as propriedades mecânicas adequadas — o éter.

Em 1846, em um artigo intitulado "Pensamentos sobre vibrações-raios", Faraday havia especulado sobre a possibilidade de oscilações eletromagnéticas:

> A visão que tenho a ousadia de propor considera (...) radiação como uma elevada espécie de vibrações nas linhas de força que sabemos conectarem partículas e também massas de matéria entre si. Essa busca descarta o éter, mas não as vibrações.[41]

Em 1855, os físicos alemães Wilhelm Eduard Weber (1804-1891) e Rudolf Kohlrausch (1809-1858) mediram a carga de um capacitor com dois diferentes experimentos e concluíram que a razão entre os valores obtidos em dois sistemas de unidades, chamados eletrostático e eletromagnético, era um número muito próximo do valor conhecido da velocidade da luz. Maxwell levantou a hipótese arrojada de que a luz e as perturbações elétricas eram uma coisa única — ondas eletromagnéticas. “Dificilmente poderemos evitar essa inferência”, escreveu.[42]

Os extraordinários avanços alcançados nos estudos de Maxwell podem ser resumidos em quatro equações, conhecidas como as equações de Maxwell, consideradas a Carta Magna do eletromagnetismo. Elas corporificam de forma quantitativa a descrição de todos os fenômenos estudados por seu predecessor Michael Faraday e conectam as cargas e as correntes elétricas aos valores dos campos elétricos e magnéticos associados. Para campos estáticos, duas equações tratam da parte elétrica e as outras duas, da parte magnética. No entanto, se os campos variam no tempo, as intensidades dos termos elétrico e magnético estão relacionadas.

As equações de Maxwell descrevem todos os fenômenos eletromagnéticos e até mesmo predizem a possibilidade de existência e a forma de propagação de ondas eletromagnéticas; elas se constituem no pináculo da física clássica.

Alguns anos depois da morte de Maxwell, o físico alemão Heinrich Rudolf Hertz (1857-1894) detectou ondas de rádio e mostrou, em seus experimentos em Karlsruhe entre 1885 e 1889, que elas tinham muitas propriedades das ondas de luz: eram refletidas da mesma forma, propagavam-se em linha reta, exibiam refração e assim por diante. Isso confirmou experimentalmente a identificação feita por Maxwell da luz como radiação eletromagnética. Nas palavras do próprio Hertz:[43] “...isso é verdadeiro para a luz como tal e para qualquer tipo de luz: do Sol, de uma vela, de um vaga-lume.”

A diferença entre ondas de luz e de rádio reside apenas nos seus diferentes comprimentos (ou frequências, com as quais há uma correspondência unívoca com o comprimento de onda no vácuo). Ondas de luz têm um comprimento de cerca de um mícron (0,001 mm), enquanto as de rádio têm comprimentos acima de um milímetro. Por exemplo, as transmissões de rádio FM e de televisão são ondas com cerca de três metros de comprimento, e as de rádio AM, de centenas de metros. Existem ondas eletromagnéticas de comprimento muito mais curto, como os raios X (0,00001 mícron) e gama (um milionésimo de mícron ou menos, Figura 20).

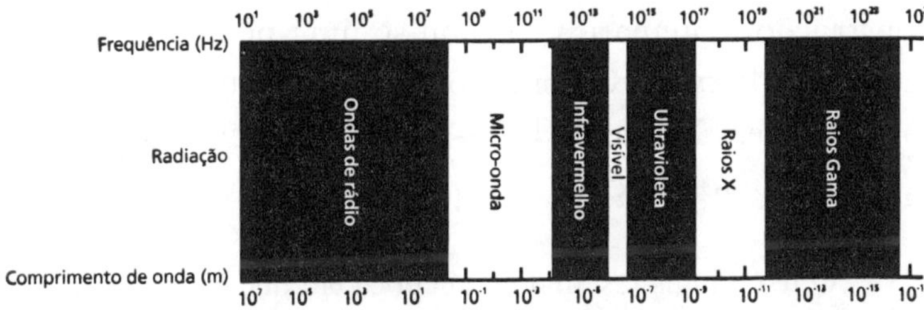

Figura 20 Espectro eletromagnético. À medida que os comprimentos de onda (mostrados embaixo) ou as correspondentes frequências (em cima) variam, as ondas eletromagnéticas exibem diferentes propriedades. Para os comprimentos de onda mais longos, as ondas eletromagnéticas são ondas de rádio e à medida que o comprimento decresce, passamos através da luz visível até os raios gama.

Mas o que queremos dizer quando falamos de uma onda eletromagnética? É instrutivo fazer um paralelo com uma onda que se propaga na água. Quando uma pedra é jogada em um lago, produz ondas que se propagam do ponto de queda; o que vemos é uma perturbação que se move. Uma dada molécula na superfície do lago será posta em movimento à medida que a onda passa por ela. Podemos descrever essa onda como uma oscilação em altura que afeta as moléculas de água mais e mais distantes do centro das ondas. Quando uma onda eletromagnética passa por um dado ponto no vácuo, o que oscila nesse ponto são as magnitudes dos campos magnético e elétrico.

Maxwell atribuía a origem do conceito de campo a Faraday, cuja concepção tinha evoluído do pensamento das linhas de força como entidades geométricas até uma visão em que essas eram um aspecto da realidade física.[44]

O conceito de campo, assim como a ideia da sua realidade física, isto é, a asserção de que esse era mais do que mera construção matemática, tornou-se uma pedra angular da teoria de Maxwell. O conceito produziu forte impressão no jovem Albert Einstein (1879-1955). Ele escreveu nas suas *Notas autobiográficas*:

> O tema mais fascinante na época em que eu era estudante era a teoria de Maxwell. O que fazia essa teoria parecer revolucionária *era a transição de forças a distância para os campos como variáveis fundamentais* [minha ênfase, APG]. A incorporação da óptica na teoria do eletromagnetismo (...) era como uma revelação.[45]

De acordo com o ponto de vista do campo, uma carga elétrica não exerce uma força sobre outra carga distante, mas, em vez disso, o campo elétrico associado com a primeira carga age sobre a segunda. O agente é o campo, não a primeira carga. Geralmente dizemos que uma carga elétrica "cria" um campo elétrico em torno de si, mas, na verdade, a carga e o campo são interconectados e formam um todo que não pode ser separado.

Os físicos dão uma definição geral de campo como uma distribuição contínua no espaço de valores de alguma quantidade física: podemos, portanto, falar de campos de temperatura em um aposento, o que significa que a cada ponto no espaço podemos atribuir um valor à temperatura. Outro exemplo de campo é o conjunto de valores de velocidades da água em um riacho.

O conceito de campo é útil quando queremos descrever os efeitos de uma carga elétrica, ou de um ímã, em sua vizinhança imediata. Na vizinhança de uma carga elétrica, por exemplo, outra carga experimentará uma força. A quantidade obtida medindo-se a força sobre a segunda carga e dividindo-a pelo valor dessa carga é chamada de intensidade do campo elétrico. O conjunto de valores dessa quantidade, um para cada ponto do espaço, também é chamado de campo elétrico da primeira carga.

Albert Einstein e Leopold Infeld (1898-1968), no livro *A evolução da física*, exaltavam o conceito de campo como "a mais importante invenção desde a época de Newton". E acrescentavam, referindo-se especificamente aos campos elétrico e magnético: "Foi necessária grande imaginação científica para compreender que não são as cargas ou partículas, mas o campo no espaço entre elas, que é essencial para a descrição do fenômeno físico."[46] Na visão de mundo de Einstein, matéria e campos tinham o mesmo *status*.*

A interpretação do eletromagnetismo do físico holandês Hendryk Antoon Lorentz (1853-1928) abriu caminho para a

*Ou na linguagem da filosofia da ciência: "Einstein pôs o campo ontologicamente no mesmo nível da matéria" (N. J. Nersessian, *Faraday to Einstein: Constructing Meaning in Scientific Theories*, Martinus Nijhoff Publishers, Dordrecht, 1984, p. 35).

visão de Einstein. Lorentz tentou seguir um caminho intermediário entre o ponto de vista de ação a distância e o conceito de campo. Ele construiu a hipótese de que existiria um éter imóvel que transportava as interações elétricas e magnéticas. Para ser coerente com esse programa, teve de se afastar de alguns dos postulados de Newton; especificamente, se as cargas exerciam forças sobre o éter, esse não aplicava forças sobre elas, em oposição à lei da ação e reação de Newton.[47] Foi adiante, derivando como os campos elétricos e magnéticos apareceriam aos observadores em repouso ou em movimento em relação a um sistema absoluto de referência (identificado com o éter). Os resultados que obteve foram essencialmente os mesmos derivados por Einstein na sua teoria da relatividade especial, exceto que na teoria de Einstein mostrava-se que o éter não era necessário.

Atualmente os autores tendem a enfatizar a importância conceitual da ideia de campo, seja reafirmando sua "realidade" ou considerando-o uma ferramenta matemática fundamental para a descrição das interações eletromagnéticas.[48] Alguns viram o campo, por exemplo o campo elétrico, como uma propriedade adquirida pelo próprio espaço, na vizinhança da carga; outros, como uma nova entidade contida nesse espaço, o qual funciona apenas como um recipiente geométrico.*

*Nas palavras do físico italiano Giuliano Toraldo di Francia (1916-): "... é também um preconceito metafísico permitir que o espaço vazio tenha apenas propriedades *geométricas* e descartar a possibilidade de que tenha também propriedades *físicas*. Transcorreu praticamente um século de trabalho experimental e teórico antes que os físicos começassem a considerar essa possibilidade" (G. Toraldo di Francia, *The Investigation of the Physical World*, Cambridge, Cambridge University Press, 1976).

Os campos produzidos por cargas elétricas estáticas e aqueles produzidos por ímãs são exemplos de uma entidade mais geral — o campo eletromagnético. Lembramos que cargas elétricas em movimento geram campos magnéticos (ver Capítulo 3). A unidade entre campos elétricos e magnéticos é percebida mais claramente se compararmos duas situações. Suponha que temos uma carga elétrica estacionária com relação a um observador; esse observador detecta o campo elétrico devido a essa carga. Se a carga começa a se mover, sua presença é também gradualmente percebida por esse observador através do seu campo magnético. Outro observador, por outro lado, viajando com a partícula, sempre observaria apenas um efeito elétrico. Em suma, as partes magnética e elétrica do campo eletromagnético são manifestações do mesmo campo — eletromagnético — para diferentes observadores. Isso resulta do princípio da relatividade, como formulado por Einstein. Embora a teoria da relatividade de Einstein tenha sido criada após as descobertas de Maxwell, as equações desse são coerentes com a relatividade, e de fato estavam na raiz da teorização de Einstein.

Outro experimento que mostra a íntima conexão entre os campos elétricos e magnéticos está descrito na Figura 21. Vamos supor que existam duas esferas carregadas, A e B, com carga positiva e negativa, respectivamente, de mesma magnitude (Figura 21a). Em torno dessas esferas temos um campo elétrico representado por linhas de campo, ou linhas de força. Agora vamos conectar as duas esferas com um fio condutor de eletricidade. Como as esferas têm ou um excesso de elétrons (a esfera B, com carga negativa) ou um déficit de elétrons (a esfera A, de carga positiva), os elétrons vão começar a fluir de B para A (Figura 21b). Em torno do

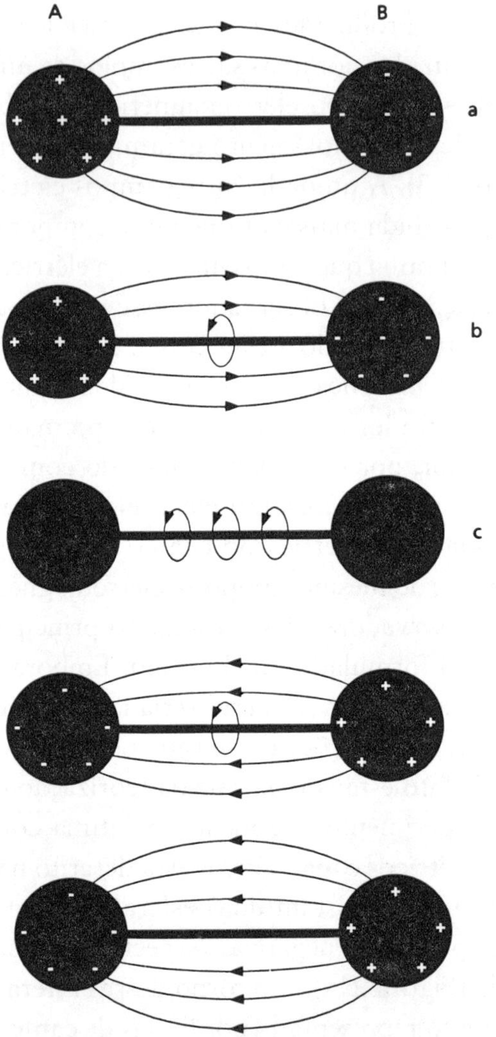

Figura 21 Duas esferas eletricamente carregadas conectadas por um fio condutor, mostrando as linhas de campo elétrico e o efeito magnético das correntes (ver o texto).

fio no qual os elétrons fluem surgirá um campo magnético, e o campo elétrico ao redor das esferas gradualmente desaparecerá. A energia originalmente armazenada no campo elétrico começará a aparecer como energia magnética. Com a continuação do fluxo, A e B inverterão a posição original: A se torna negativa e B se torna positiva. Em um certo ponto, o fluxo de carga cessa, a energia magnética desaparece e a energia reaparece sob a forma de energia do campo elétrico. Essas oscilações vão finalmente parar (em um tempo muito curto, da ordem de fração de segundo), à medida que a energia é dissipada principalmente sob a forma de calor, devido à resistência elétrica do fio que conecta as esferas.

Um observador próximo às duas esferas iria detectar campos oscilantes, com componentes elétrica e magnética. Uma forma de descrevê-los é considerar que se destacam do condutor e das cargas e viajam no espaço (Figura 21c.). À medida que a corrente no fio varia, o mesmo acontece com o campo magnético próximo ao fio. A variação no tempo do campo magnético gera, das equações de Maxwell, um campo elétrico dependente do tempo mais longe do fio, e assim por diante. Desse modo são produzidos os campos elétricos e magnéticos que se propagam no espaço; eles constituem a onda eletromagnética. Ondas eletromagnéticas, como vimos, são uma denominação geral tanto para ondas de luz como de rádio e viajam no espaço vazio a uma velocidade de cerca de 300 mil km/s.

Hoje os físicos conhecem muitos campos diferentes além do eletromagnético e do gravitacional. Por exemplo, outro campo age no interior de prótons e nêutrons, mantendo juntos os quarks que formam essas partículas constituintes do núcleo atômico.

Referimo-nos até aqui aos campos em termos clássicos: em física, isso significa em termos anteriores ao advento da mecânica quântica, a nova física desenvolvida a partir da década de 1920 (ver Capítulo 5). Nas descrições não clássicas, no contexto da eletrodinâmica quântica, uma teoria especial que incorpora as contribuições da mecânica quântica e da relatividade, desenvolvida a partir da década de 1950, as partículas subatômicas (elétrons, múons, quarks etc.) estão relacionadas a campos no sentido de que são pacotes concentrados, ou quanta, de diferentes tipos de campos. As massas dessas partículas variam numa faixa muito larga: o mais pesado quark — o quark top — é mais de 100 mil vezes mais pesado que o elétron.

Os tipos de interações entre essas partículas, chamadas de *forças*, também são descritos por campos; por exemplo, as interações elétrica e magnética envolvem quanta chamados de fótons.* Esses participam na interação de atração ou de repulsão que envolve cargas. As forças nucleares também têm seus correspondentes quanta, nesse caso chamados de glúons (existem oito tipos deles). Todas essas partículas nos campos de interação são virtuais, o que significa que não são diretamente observáveis. Não são estáticas: em vez disso, estão continuamente sendo criadas e aniquiladas, e as interações são o resultado dessa troca de partículas, por exemplo, entre cargas, no caso do campo elétrico. Esse campo de interação interage com o outro tipo de campo, o de matéria.

Na descrição da eletrodinâmica quântica da física das partículas elementares existem apenas campos, e essa visão engloba, nas palavras do físico de partículas americano Steven Weinberg[49] (1933-), detentor do Prêmio Nobel: "(...) o dogma

*Uma boa descrição da evolução dessa visão da física das partículas elementares é dada por P. C. Davies e J. Brown em *Superstrings: a Theory of Everything?*, Cambridge University Press, Cambridge, 1992.

central da teoria quântica de campos: a realidade essencial é um conjunto de campos sujeito às regras da relatividade especial e da mecânica quântica; (...)." A teoria que descreve esses campos é chamada de modelo padrão da física de partículas.*

A revolução que começou com Michael Faraday há um século e meio conduziu, no quadro da teoria quântica de campos, a uma nova visão do mundo, um mundo de interações entre campos: campos de matéria e campos de interação. No entanto, a maioria das pessoas que usam ímãs não pensa em termos dessas entidades complexas e abstratas. Sua representação mental é diferente, os ímãs ainda interagem com o ferro a distância, com as interações de alguma maneira representadas pelas vívidas imagens das linhas de campo, gravadas em nossa mente desde o tempo de Faraday.

Leituras adicionais

Arthur Koestler, *The Sleepwalkers*, Penguin Books, Harmondsworth, 1973.

Bernard Cohen, *The Birth of a New Physics*, Penguin Books, Londres, 1992.

P. C. Davies e J. Brown, *Superstrings: a Theory of Everything?*, Cambridge University Press, Cambridge, 1992.

R. S. Westfall, *The Life of Isaac Newton*, Cambridge University Press, Cambridge, 1993.

S. Sambursky, *The Physical World of Late Antiquity*, Princeton University Press, Princeton, 1962.

*Essa teoria prevê, para explicar as massas das partículas subatômicas, a existência de ainda outro tipo de campos, os escalares. Esses diferem, por exemplo, do campo magnético, que tem uma direção (e é, portanto, descrito por um vetor), enquanto os escalares não o têm. As partículas dos campos escalares são comumente chamadas de partículas de Higgs.

Notas

1. Lucretius, *The Great Books*, v. 12, Encyclopaedia Britannica, Chicago, 1978, p. 93.
2. Platão, "Timaeus", *The Great Books*, vol. 7, Chicago, Encyclopaedia Britannica, 1978, p. 471.
3. Aristóteles, *Anal*, post 243a 16, citado em S. Sambursky (*a*), *The Physical World of Late Antiquity*, Princeton University Press, Princeton, 1962, p. 99.
4. Aristóteles, "On Dreams", *The Great Books*, v. 8, Encyclopaedia Britannica, Chicago, 1978, p. 703.
5. Theon of Smirna, Expos. Rer. Math. 50, 22, *in* S. Sambursky (*a*), *op. cit.*, p. 101.
6. S. Sambursky, *op. cit.*, p. 102.
7. R. Descartes, "Principes de philosophie", citado por R. Lenoble, "Le magnetisme et l'électricité", *in* R. Taton (org.), *Histoire générale des sciences*, v. II, Presses Universitaires de France, Paris, 1958, p. 333-4.
8. Isaac Newton, citado em Arthur Koestler, *The Sleepwalkers*, Penguin Books, Harmondsworth, 1973, p. 344.
9. A. Haudricourt e J. Needham, "La science chinoise antique", *in* R. Taton (org.), *Histoire générale des sciences*, v. I, parte I, capítulo V, Presses Universitaires de France, Paris, 1966, p. 198.
10. Francis Bacon, "Novum Organum" BII, *The Great Books*, v. 30, Encyclopaedia Britannica, Chicago, 1978, p. 165.
11. Johannes Kepler, "Epitome of Copernican Astronomy", IV, *The Great Books*, v. 16, Encyclopaedia Britannica, Chicago, 1978, p. 898.
12. Johannes Kepler, *op. cit.*, p. 934.
13. W. K. C. Guthrie, *A History of Greek Philosophy*, v. I, Cambridge University Press, Cambridge, 1967, p. 271.
14. W. K. C. Guthrie, *op. cit.*, p. 136.
15. W. K. C. Guthrie, *op. cit.*, p. 466.
16. S. Sambursky (*b*), *Physical Thought: from the Presocratics to the Quantum Physicists*, Pica Press, Nova York, 1974, p. 248.
17. J. D. North, *The Measure of the Universe: a History of Modern Cosmology*, Dover, Nova York, 1990, p. 33.

18. Christiaan Huygens, "Treatise on Light", Capítulo I, *The Great Books*, v. 34, Encyclopaedia Britannica, Chicago, 1978, p. 559.
19. R. Descartes, "Meteorology" (1637), *in The Science of Matter*, M. P. Crosland (org.), Penguin, Harmondsworth, 1971, p. 71.
20. Johannes Kepler, *op. cit.*, p. 857.
21. Isaac Newton, "Optics", *The Great Books*, v. 34, Encyclopaedia Britannica, Chicago 1978, p. 520, 521.
22. J. D. North, *op. cit.*, p. 29.
23. R. S. Shankland, *The Michelson-Morley Experiment*, Scientific American, novembro de 1964, p. 107.
24. Johannes Kepler, "Introduction to Astronomia Nova" (1609), citado *in* Arthur Koestler, *op. cit.*, p. 342.
25. Francis Bacon, *op. cit.*, p. 176.
26. Citação das memórias de Newton, R. S. Westfall, *The Life of Isaac Newton*, Cambridge University Press, Cambridge, 1993, p. 39.
27. R. S. Westfall, *op. cit.*, p. 51, 308.
28. I. Bernard Cohen, *The Birth of a New Physics*, Penguin Books, Londres, 1992, p. 238.
29. J. Henry, "Newton, Matter and Magic", *in Let Newton Be*, J. Fauvel, R. Flood, M. Shortland, R. Wilson (orgs.), Oxford Press, 1989, Oxford, p. 144.
30. Isaac Newton, *Opticks, or a treatise of the reflections, refractions, inflections & colours of light*, Nova York, 1952, baseado na 4ª edição, Londres, 1730, p. 375-376, citado por R. W. Home, *Electricity and Experimental Physics in Eighteenth-Century Europe*, Variorum, Hampshire, 1992, p. 256.
31. Isaac Newton, "Optics", *op. cit.*, p. 522.
32. R. W. Home, *op. cit.*, p. 258.
33. R. W. Home, *op. cit.*, p. 260-261.
34. Isaac Newton, "Optics", *op. cit.*, p. 531.
35. M. B. Hesse, *Forces and Fields: the Concept of Action at a Distance in the History of Physics*, Westport, Greenwood Press, 1962, p. 157.
36. M. B. Hesse, *op. cit.*, p. 166.
37. Michael Faraday, *The Great Books*, v. 45, Encyclopaedia Britannica, Chicago, 1978, Twenty-eighth Series, 1851, p. 759.

38. Herbert Kondo, "Michael Faraday", *in Lives of Science*, p. 127, a Scientific American Book, Simon and Schuster, Nova York, 1957 (reimpresso da Scientific American, outubro de 1953 p. 138).
39. Michael Faraday, "Experimental Researches", citado por Herbert Kondo, *op. cit.*, p. 138.
40. James Clerk Maxwell, Proc. Roy. Inst., v. VII, *The Scientific Papers of James Clerk Maxwell*, W. D. Niven (org.), Dover, Nova York, 1965, parte II, p. 311.
41. Citado por Herbert Kondo, *op. cit.*, p. 139.
42. J. R. Newman, "James Clerk Maxwell", in *Lives of Science*, p. 155, a Scientific American Book, Simon and Schuster, Nova York, 1957, reimpresso da Scientific American, junho de 1955, p. 172.
43. H. Hertz, "Gesammelte Werke", vol. 1, 1895, citado em S. Sambursky, *Physical Thought: from the Presocratics to the Quantum Physicists*, *op. cit.*, p. 461.
44. James Clerk Maxwell, *The Scientific Papers of James Clerk Maxwell*, *op. cit.*, p. 320.
45. A. Einstein, "Autobiographical Notes", *in Albert Einstein: Philosopher-Scientist*, I, P. A. Schilpp (org.), Londres, Cambridge University Press, 1969, p. 33.
46. A. Einstein e L. Infeld, *The Evolution of Physics*, Cambridge University Press, 1938, Cambridge, citado em *The Science of Matter*, *op. cit.*, p. 343.
47. Laurie M. Brown (org.), *Renormalization from Lorentz to Landau (and Beyond)*, Springer-Verlag, Nova York, 1993, p. 43.
48. M. Antoniazzi e G. Giuliani, "Campi, onde e particelle nei manuali di elletromagnetismo: un esempio di stratificazione concettuale e ontologica", Giornale di Fisica, v. 38, 1997, p. 87.
49. S. Weinberg, citado por S. Y. Auyang, *How is Quantum Field Possible?*, Oxford University Press, Nova York, 1995.

CAPÍTULO 5 Os segredos da matéria

> Pela primeira vez uma história plausível pode ser contada a respeito das partículas magnéticas finais, a natureza essencial do átomo de uma substância ferromagnética, o tipo de forças que determinam as propriedades dos cristais magnéticos (...)
>
> R. M. Bozorth, *The Physical Basis of Ferromagnetism*, 1940[1]

MATÉRIA DESCONTÍNUA

Em que sentido a matéria que constitui uma pedra-ímã difere de outras substâncias? Quais diferenças estruturais explicam suas estranhas propriedades? Embora os fenômenos magnéticos sejam conhecidos há mais de três mil anos, como vimos, o entendimento do magnetismo da matéria, ou a compreensão do que torna um ímã diferente da matéria comum só pôde ser alcançado quando a constituição atômica da matéria ficou estabelecida. Uma vez que a existência dos átomos foi aceita, ainda foi necessário esperar pelo desvelamento das leis que regem o mundo atômico e subatômico, descobertas nas primeiras décadas do século XX.

A ideia de átomos tem uma longa história. Um dos primeiros pensadores a discutir o conceito foi Demócrito (*c.* 460-*c.* 370 a.C.), que nasceu em Abdera, na Trácia, onde hoje fica a costa nordeste da Grécia, e foi contemporâneo de Sócrates. Ele foi um dos mais influentes pensadores gregos, autor de obra extensa sobre ética, ciências naturais, literatura e matemática, que infelizmente não sobreviveu até nossos dias. Foi um seguidor de Leucipo (fl. século V a.C.), do qual se conhece ainda menos. A influência de Demócrito é justificada, pois o filósofo Epicuro (341 a.C.-270 a.C.) adotou muitas de suas ideias e deixou textos que foram preservados. Embora Demócrito tenha escrito sobre tantos assuntos, é especialmente lembrado, na história do pensamento, como o criador do atomismo.

O conceito central do atomismo é o de que todos os objetos são formados por pequenas partículas imutáveis e inseparáveis (*atomon* — em grego, o que não pode ser cortado, indivisível[2]). O filósofo grego Simplício da Cilícia, que, escrevendo *Comentários sobre a física*, no século V da nossa era, afirmou:[3]

> (...) Demócrito de Abdera postulou o tudo e o vazio como primeiros princípios. A um chamou de ser e ao outro, de não ser, pois apresentava os átomos como matéria constitutiva das coisas que existem, gerando tudo por meio das suas diferenças.

Para formar os corpos materiais, os átomos colam-se uns nos outros, pois alguns são côncavos, alguns são convexos, alguns têm ganchos e assim por diante.[4]

A ideia da natureza descontínua da matéria é encontrada em Lucrécio, poeta e filósofo do século III antes de nossa era, um partidário e defensor do atomismo. No seu *De rerum natura* (Sobre a natureza das coisas), explica uma série de fenômenos naturais com base no atomismo. Portanto, defendia a tese de que a pequenez dos átomos explica por que os sentidos não podem detectar a quantidade de metal que é retirada por meio da fricção diária de um anel usado ou de um arado de ferro.[5] Os átomos confeririam propriedades características às diferentes substâncias do mundo ao nosso redor: por exemplo, as coisas que são agradáveis aos sentidos seriam formadas por átomos redondos e lisos.[6]

Outros pensadores, entre eles os estoicos (principalmente Zenão de Citio, 335-*c.* 263 a.C.), acreditavam que a matéria era infinitamente divisível. Na era moderna, o filósofo René Descartes, do século XVII, também considerava que a matéria era formada de partículas; a água, por exemplo, seria formada de "partículas longas, lisas e escorregadias".[7] Porém, no seu *Princípios de filosofia* (1644), Descartes argumenta que como a extensão é um atributo de tudo que existe (e, portanto, ocupa espaço), não podem existir partículas indivisíveis, ou átomos. E mais, a matéria poderia, em princípio, ser continuamente dividida, pois o oposto significaria que Deus tinha privado a Si mesmo de um poder.[8]

A questão da continuidade *versus* descontinuidade da matéria foi abordada por uma variedade de pensadores desde o tempo de Demócrito, com diferentes visões e ênfases. Porém, no fim do século XIX, o conhecimento acumulado sobre eletricidade e fenômenos eletromagnéticos, assim como o crescente corpo do conhecimento químico, favoreceria um novo enfoque para esse antigo problema.

OS REAIS FATOS DA NATUREZA

Os antigos filósofos pré-socráticos foram os primeiros pensadores a tentar descrever o todo do universo como formado de um único princípio ou elemento (ver Capítulo 1). Como vimos, esse elemento, para Tales de Mileto, era a água. Entre outros pensadores que sugeriram elementos primários estavam Anaxímenes, que sugeriu o ar, e Heráclito, o fogo. Empédocles de Acraga, ou Agrigento, na Sicília (490-430 a.C.), propunha que a multitude de substâncias no mundo resulta de combinações dos quatro elementos, terra, água, ar e fogo. Esse conceito mais tarde foi adotado por Aristóteles, que viu as qualidades das diferentes substâncias como reflexo da proporção dos quatro elementos em sua composição. Essa, em essência, permaneceu a visão dominante por dois mil anos.

Robert Boyle (1627-1691), cientista inglês, escreveu em *The Sceptical Chymist* (O químico cético), em 1661, contra a teoria de Aristóteles dos quatro elementos, argumentando que toda matéria era formada de corpúsculos primários, em suas palavras,[9] "divididos em pequenas partículas de vários tamanhos e formas, movendo-se de maneiras diferentes". Cento e vinte anos depois, na segunda metade do século XVIII, o francês Antoine-Laurent Lavoisier (1743-1794), um dos fundadores da química moderna, desenvolveu melhor o conceito de elemento, dando uma definição operacional: uma substância que não podia ser analisada nem dividida por meios químicos. Lavoisier, que também inovou no uso de técnicas quantitativas em química, estabeleceu no seu *Traité élémentaire de chimie* (Tratado elementar de química), de 1789, que existiam 33 elementos.

"Uma investigação sobre os pesos relativos das partículas últimas dos corpos é um tema, pelo que sei, inteiramente novo", anunciou o químico e físico inglês John Dalton (1766-1844), em uma apresentação[10] na Sociedade Literária e Filosófica de Manchester, em 1805. E acrescentou: "Estive recentemente seguindo essa investigação com notável sucesso." O trabalho de John Dalton forneceu, nos primeiros anos do século XIX, uma base científica para a crença de que os átomos eram as menores unidades da matéria capazes de manter as mesmas propriedades químicas da substância em amostras extensas; a menor porção de um composto era uma molécula. Dalton chegou a essas conclusões a partir do estudo das proporções em peso de diferentes elementos que participavam de uma reação química; por exemplo, hidrogênio e oxigênio sempre participavam na reação química que dá origem à água na proporção de 2:1.

Em 1869, um professor de química russo, Dimitri Ivanovich Mendeleiev, apresentou um quadro contendo 63 dos elementos químicos então conhecidos, organizados em escala crescente de pesos atômicos. A tabela revelava semelhanças nas propriedades químicas dos elementos e tinha espaços vazios que estavam associados a elementos a serem descobertos. O fato de o quadro enfatizar várias propriedades dos elementos recorrentes ao longo da série tornou-a conhecida como "tabela periódica". Essa tabela passou por muitas revisões, inclusive um rearranjo segundo outra característica dos elementos, seu número atômico. A nova forma de apresentação representou um grande passo no estudo dos elementos, e sua importância científica foi comparada à da teoria da evolução de Darwin.[11]

Ainda no século XIX, estudos conduzidos por Michael Faraday, sobre a decomposição química produzida pelo fluxo da eletricidade, e por outro físico inglês, William Crookes (1832-1919), sobre descargas elétricas através de um gás a baixa pressão, sugeriam que existiam cargas elétricas negativas.

Joseph John Thomson (1856-1940), físico britânico, escreveu: "(...) não vejo como se possa fugir da conclusão de que existem cargas de eletricidade negativa transportadas por partículas de matéria. A questão que se coloca em seguida é: o que são essas partículas?"[12] As partículas de carga negativa estudadas por J. J. Thomson foram mais tarde chamadas de elétrons, e ele mostrou que são cerca de duas mil vezes mais leves do que o átomo mais leve.

O elétron foi a primeira partícula subatômica a ser identificada, e sua descoberta representa um avanço enorme no entendimento da constituição da matéria. Podemos ainda dizer que esse fato inaugurou a disciplina da física das partículas elementares.

Esses avanços ocorreram em paralelo com o progresso na compreensão da estrutura da matéria — mais especificamente no entendimento do fato de que a matéria é feita de átomos — e sobre a natureza e a constituição desses componentes últimos da matéria. Talvez o experimento mais importante na busca pelo entendimento da estrutura da matéria tenha sido aquele feito sob a supervisão de Ernest Rutherford (1871-1937), físico neozelandês que se mudou para a Inglaterra em 1895. Antes havia passado alguns anos em Montreal, onde tinha estudado as propriedades físicas das partículas alfa e beta, determinado a primeira meia-vida e concebido a teoria da transmutação radioativa em 1902 (com o químico inglês Frederick Soddy, 1877-1956). Rutherford retornou para a

Inglaterra em 1906, dessa vez convertendo a Universidade de Manchester em um centro mundial de pesquisa em física e praticamente criando a disciplina subsequentemente chamada de "física nuclear". Por suas notáveis descobertas feitas no Canadá sobre o decaimento radioativo dos núcleos, ele recebeu o Prêmio Nobel de Química em 1906.

O famoso experimento foi realizado em 1909 pelo assistente de Rutherford, Hans Geiger (1882-1945), com um estudante, Ernest Marsden (1889-1970). Consistiu em bombardear uma folha fina de ouro com partículas alfa, que são núcleos energéticos do elemento hélio, emitidos no decaimento de alguns núcleos radioativos. Percebeu-se que a maioria das partículas alfa atravessava os átomos, como esperado, mas uma pequena proporção delas era refletida ou fortemente desviada. "Foi o evento mais incrível que já ocorreu na minha vida", notou Rutherford mais tarde.[13] "Era quase tão incrível quanto se você atirasse com um projétil de 15 polegadas contra um pedaço de lenço de papel e ele voltasse e lhe atingisse."

Rutherford interpretou corretamente que tal resultado surpreendente significava que o átomo é quase completamente vazio, com um núcleo muito pequeno e pesado, com um raio 100 mil vezes menor do que o raio atômico. Os elétrons, na dramática imagem de Rutherford,[14] voavam através do espaço vazio em torno do núcleo "como umas poucas moscas em uma catedral".

Ernest Rutherford estava convencido do primado da interrogação experimental dos segredos da natureza. Referindo-se aos físicos teóricos,[15] que usam como ferramenta a descrição matemática do mundo físico, disse certa vez: "Eles jogam com os seus símbolos", e acrescentou, "mas nós produzimos os reais fatos da natureza." Já foi dito que a mente de Rutherford tinha tendência diversificante, interessada em explorar a multiplicidade de fatos naturais, em oposição à de outros cientistas, como Einstein, que enfatizaram em seu trabalho a busca por uma imagem unificadora do mundo.*

Em 1911 Rutherford encontrou o jovem físico dinamarquês Niels Bohr (1885-1962), que tinha se formado na Universidade de Copenhague, onde também tinha obtido seu doutorado, e estava trabalhando como pós-doutor estagiário em Cambridge. Bohr foi atraído pelo carisma de Rutherford e decidiu ir para Manchester para trabalhar com ele.

Bohr retornou à Dinamarca em 1912 e, no ano seguinte, publicou três trabalhos em que propunha a primeira teoria do átomo que envolvia conceitos quânticos. Teve de postular que os elétrons giravam em torno do núcleo em órbitas estacionárias, numa imagem semelhante ao sistema solar. No entanto, opondo-se diretamente aos princípios da física clássica, as órbitas eletrônicas nesse modelo poderiam apenas ter raios com determinados valores. Classicamente, qualquer valor do raio orbital seria permitido, e o elétron ocuparia um contínuo de níveis de energia, em vez de um conjunto discreto de valores. Além disso, de acordo com o eletromagnetismo clássico, uma partícula carregada eletricamente terminaria por espiralar em direção ao núcleo, e o átomo seria, portanto, instável.

*O físico americano de origem britânica John Freeman Dyson (1923-) vê um paralelo entre essas duas atitudes, que poderiam ser descritas como "baconiana"e "cartesiana", com as cidades de (coincidentemente) Manchester, a primeira cidade industrial, e Atenas, a primeira cidade acadêmica (Freeman Dyson, "Manchester and Athens", *in Infinite in All Directions*, Penguin Books, Londres, 1988, p. 35).

Um desenvolvimento que contribuiu para o conhecimento da estrutura da matéria foi a descoberta, pelo físico francês Antoine Henri Becquerel (1852-1908), de uma radiação misteriosa emitida pelos sais de urânio. O fenômeno da radioatividade, como ficou conhecido mais tarde, foi descoberto acidentalmente quando Becquerel notou, em 1896, que um filme fotográfico ficou exposto na proximidade dos compostos de urânio.

A física polonesa Marie Sklodowska Curie (1867-1934) e seu marido Pierre Curie (1859-1906), trabalhando na Universidade de Paris, verificaram, em 1898, que amostras contendo o elemento tório também eram radioativas. Depois de dez anos de investigação pelo grupo de Paris e por Rutherford, então na Universidade McGill, em Montreal, ficou claro que os átomos radioativos emitiam três tipos de raios: alfa, beta e gama. Esses seriam depois identificados como núcleos de hélio, elétrons e fótons energéticos, respectivamente.

Em 1894, em uma observação frequentemente citada, o físico americano nascido na Alemanha Albert Michelson (1852-1931), referindo-se às perspectivas *fin-de-siècle* da física, concluiu:

> Parece provável que os grandes princípios fundamentais estejam firmemente estabelecidos e que avanços ulteriores devam ser buscados principalmente na aplicação rigorosa desses princípios a todos os fenômenos que venham a ser observados.[16]

Em uma refutação gritante da avaliação de Michelson, em um intervalo de poucos anos, na década de 1890, algumas descobertas muito importantes anunciaram uma profunda mudança na física, com repercussões que teriam um grande alcance, afetando todas as esferas da atividade humana. Essas incluíam a descoberta dos raios X (1895), da radioatividade (1896) e do elétron (1897).

Não obstante os momentosos avanços científicos* do fim do século XIX, a constituição da matéria ainda era desconhecida. A existência de átomos como constituintes elementares de toda a matéria e a compreensão da sua estrutura interna seriam definitivamente estabelecidas apenas nas primeiras décadas do século XX.

O MUNDO DO QUANTUM

Em 1º de dezembro de 1900, em uma reunião da Sociedade de Física Alemã (formalmente Sociedade de Física de Berlim), Max Planck (1852-1947, Figura 22), na época professor de física teórica na Universidade de Berlim, apresentou suas novas ideias sobre calor e radiação. Ele estava estudando o espectro de frequências da radiação emitida pelas paredes de um forno, uma propriedade que é independente do material de que são feitas essas paredes. Os resultados experimentais que estava analisando tinham sido obtidos nos laboratórios

*Em alguns casos, as potencialidades desses avanços foram imediatamente reconhecidas. Por exemplo, um contemporâneo, escrevendo sobre a observação de raios X, descreveu-a como "(...) uma descoberta tão estranha que sua importância ainda não pode ser medida, sua utilidade nem mesmo pode ser profetizada ou seu efeito final sobre conhecimentos científicos há muito estabelecidos sequer pode ser vagamente previsto". (H. J. W. Dam, McClure's Magazine, abril de 1896, citado por Leonard Muldawer *in* Resource Letter XR-1 on X Rays, *American Journal of Physics*, fevereiro de 1969, v. 37, nº 2, p. 124.)

do Physikalisch-Technische Reichsanstalt, o birô imperial de padrões em Berlim, alguns anos antes. O espectro de frequências, ou distribuição, está relacionado, por exemplo, ao fato corriqueiro de que um objeto aquecido muda de cor, à medida que a temperatura aumenta, de um vermelho fosco para um amarelo brilhante.

Figura 22 O físico alemão Max Planck (1858-1947), fundador da teoria quântica.

Planck considerou a matéria composta de átomos, os quais agiam como osciladores (como receptores e transmissores de rádio) que absorviam e emitiam radiação. A novidade foi a suposição de que a energia desses osciladores só podia ter valores bem definidos (discretos), ou "quanta" de energia (plural da palavra *quantum*, neutro em latim para quantidade). Essa proposta permitiu-lhe explicar a distribuição de frequência da radiação emitida por corpos aquecidos. Era uma ideia revolucionária, representando uma contestação direta às teorias aceitas, que faziam parte do que passou a ser chamado de física clássica, na qual a energia de um sistema físico poderia assumir qualquer valor, variando continuamente. Embora Planck tenha visto sua hipótese de discretização ou quantização como a única forma de explicar os resultados experimentais, ele não se sentia muito confortável com ela e muitos anos depois descreveu:[17] "todo esse procedimento como um ato de desespero".

Max Karl Ernst Ludwig Planck nasceu em Kiel, Alemanha, em 1858. Obteve seu doutorado em Munique, em 1879, em termodinâmica, e tornou-se professor titular na Universidade de Berlim em 1892. Além de suas qualidades como cientista, era um excelente músico, tendo, na juventude, considerado a possibilidade de seguir a carreira artística; chegou até a compor uma opereta e no fim da vida tocava em um trio que incluía Albert Einstein.[18]

Por muitas décadas Planck foi o mais importante nome no *establishment* científico da Alemanha, "a voz da pesquisa científica",[19] como reitor da Universidade de Berlim desde 1913, secretário da Academia de Berlim, mais influente figura da Sociedade de Física e, a partir de 1930, presidente da Kaiser-Wilhelm-Gesellschaft (Sociedade Kaiser Wilhelm). Essa última organização de pesquisa científica havia sido fundada em 1911 e em 1948 passou a ser chamada Sociedade Max Planck.

Uma das consequências do trabalho original de 1900 de Max Planck foi que reforçou a ideia da constituição atômica da matéria, à época ainda um objeto de controvérsia. Para o químico sueco Svante Arrhenius,[20] esse foi "o mais importante fruto" da proposta de Planck.

Nos cinco anos que sucederam o trabalho de Planck, não foi feito praticamente qualquer progresso na direção que ele havia inaugurado. Na Suíça de 1905 e 1906, no entanto, Albert

Einstein (Figura 23), então um desconhecido jovem funcionário do escritório de patentes de Berna, aplicou a mesma abordagem para tratar outros dois problemas de física. O primeiro foi o chamado efeito fotoelétrico, fenômeno que consiste no aparecimento de uma carga elétrica positiva em alguns metais, produzida pela incidência da luz, uma vez que os elétrons são emitidos pela superfície desses metais. No entanto, o fato de que a energia deles estava ligada à frequência da luz, mas não à sua intensidade, não podia ser explicado pela física clássica. A proposta de Einstein levou a hipótese de Planck um passo adiante, supondo que a energia da luz, ou da radiação eletromagnética em geral, também era transportada em pacotes discretos, ou quanta. A ideia não foi aceita inicialmente, mas afinal seria reconhecida como a explicação correta para o efeito.

Figura 23 Albert Einstein (1879-1955), físico de origem alemã, célebre por suas grandes contribuições científicas, que incluem a teoria da relatividade e a teoria do efeito fotoelétrico.

Outra importante extensão da nova teoria, também proposta por Einstein, foi a "quantização" das vibrações térmicas dos átomos em um sólido; de acordo com essa hipótese, se um sólido era aquecido, as vibrações dos átomos poderiam ter apenas certos valores definidos de energia. Com essa sugestão, a relação entre a quantidade de calor absorvida por um corpo e o aumento em sua temperatura, envolvendo uma quantidade que os físicos chamam de "calor específico", podia ser explicada para uma larga faixa de temperaturas.

Albert Einstein nasceu em Ulm, Alemanha, em 1879, de uma família judia de classe média. Durante sua infância, a família se mudou para a Itália, depois da falência do negócio do pai. Depois Einstein se estabeleceu na Suíça, onde estudou para tornar-se professor de física, na Escola Politécnica Federal Suíça (ETH), em Zurique. Depois de formado, assumiu um posto no Escritório de Patentes em Berna, em 1902. Subsequentemente ocupou diferentes posições acadêmicas, permanecendo de 1914 a 1932 como professor de física na Universidade de Berlim. Escreveu os artigos de 1905 praticamente isolado dos outros físicos; certa vez observou que só veio a se encontrar com um físico profissional quando tinha 30 anos.

As contribuições de Einstein à física incluem a teoria da relatividade especial de 1905, a teoria do movimento browniano, a teoria da relatividade geral de 1916 e muitos resultados importantes em um ramo da física chamado de mecânica estatística, que aplica métodos estatísticos a diferentes fenômenos físicos. A teoria da relatividade geral tratava do campo gravitacional e predizia que os raios luminosos interagiriam com esse campo. A confirmação observacional da previsão de Einstein foi obtida em 1919, quando se mostrou que a luz das estrelas se desviava ao passar próximo ao Sol. O sucesso da teoria atraiu a atenção do público mundial e tornou Einstein famoso da noite para o dia.

Enquanto esteve em Berlim, Einstein testemunhou o crescente poder do partido nazista e sentiu o clima asfixiante criado pela crescente campanha antissemita, que incluía a denúncia da "ciência judia" como não confiável e falsa. Sob essa pressão, deixou a Alemanha em 1932, finalmente passando a residir nos Estados Unidos, onde ingressou no Instituto de Estudos Avançados de Princeton. Lá estaria destinado a desempenhar um papel fundamental na história, ao assinar uma carta ao presidente Franklin Delano Roosevelt, em 1939, aconselhando que os aliados se engajassem em um projeto para obter energia dos núcleos atômicos, pois havia indicações de que a Alemanha já estava seguindo esse caminho. A carta ajudou a pôr em marcha uma gigantesca máquina científica, industrial e militar que conduziria ao primeiro teste com uma bomba nuclear, no deserto de Alamogordo, em 16 de julho de 1945.* O ataque que se seguiu a Hiroshima e Nagasaki deixou Einstein pesaroso, chocou sua consciência humanitária e reforçou sua militância pacifista pelo resto da vida.

A relação direta de Einstein com o magnetismo, além da lembrança da impressão deixada por uma bússola em sua infância (ver citação na abertura deste livro) e um ensaio escolar escrito quando tinha apenas 16 anos,[21] inclui ainda seu único trabalho experimental. Esse foi feito em 1915 no Physikalisch Technische Reichsanstalt e resultou na descoberta do chamado efeito Einstein-de Haas. Nesse trabalho, ele tentou encontrar uma prova experimental da existência das correntes elétricas postuladas por Ampère e determinou que estas eram reais e criavam um torque em uma barra de metal magnetizado.[22]

Einstein tornou-se o cientista mais conhecido do século XX, e em 2000 a revista *Time* o escolheu como a pessoa mais importante do século.[23] Morreu em 1955, aos 76 anos.

*Outra carta enviada muito mais tarde, dessa vez apelando ao governo americano que não usasse a bomba contra o Japão, foi encontrada, ainda sem ter sido aberta, na mesa de Roosevelt no dia da sua morte (G. J. Whitrow [org.], *Einstein, the Man and his Achievement*, Dover, Nova York, 1967, p. 89).

As propostas de Planck, Einstein e outros formariam a base de uma nova física, depois batizada como mecânica quântica. O nome foi usado pela primeira vez em um trabalho impresso[24] em 1914 por Arnold Eucken (1884-1952), editor da edição alemã dos anais do 2º Congresso Solvay, realizado em Bruxelas em 1913.

A existência de quanta de luz, conhecidos como fótons, foi confirmada experimentalmente pelo físico americano Arthur Holly Compton (1892-1962) e publicada em 1922. O experimento de Compton mostrou que fótons que haviam colidido com elétrons tinham perdido parte de sua energia e, portanto, mudado sua frequência, de acordo com a hipótese de que cada quantum de luz transportava uma quantidade de energia proporcional à frequência da sua radiação. Essa interpretação do experimento, no entanto, foi estabelecida apenas após alguns anos de controvérsias.[25]

Nos anos 1920-1922 Bohr discutiu, com base em princípios quânticos,[26] a variação sistemática das propriedades dos elementos da tabela periódica. Ele conseguiu explicar como as propriedades químicas e físicas dos elementos variam ao longo da tabela. Os átomos dos elementos, começando pelo hidrogênio, com um elétron, têm um número crescente de elétrons; ele supôs que, à medida que cada elétron era acrescentado, ocupando um novo estado, os precedentes não eram perturbados, permanecendo em seus estados originais.

O físico francês Louis de Broglie (1892-1987), como parte da sua tese de doutorado em Paris, publicou, em 1923 e 1924, a hipótese de que a matéria ordinária exibia propriedades de tipo ondulatório. Todos os corpos materiais, de qualquer tamanho, de escala atômica ou macroscópica, comportavam-se como uma onda de comprimento inversamente proporcional à sua massa. Objetos ordinários, na escala humana, também têm um comportamento de onda, que não detectamos devido ao fato de seu comprimento intrínseco ser pequeno demais. Essa ideia arrojada teve sua confirmação experimental alguns anos depois, quando Clinton Joseph Davisson (1881-1958) e Lester Halbert Germer (1896-1971), nos Estados Unidos, relataram, em 1927, que os elétrons apresentavam comportamento de onda e que seu comprimento concordava com a previsão de Louis de Broglie. Esses autores tinham demonstrado que um feixe de elétrons produzia um padrão de "interferência", uma sucessão de barras claras e escuras em uma tela, muito semelhante à observada com raios X, sabidamente ondas eletromagnéticas.

Um dos experimentos emblemáticos, que revela de maneira dramática como é diferente o comportamento de objetos microscópicos ou subatômicos daquele que é comum na escala humana é o da dupla fenda (Figura 24). Nesse, um feixe de luz é enviado através de duas aberturas, ou fendas, próximas uma da outra. Diante das duas fendas, um filme fotográfico registra a chegada do feixe. Sobre o filme, aparece

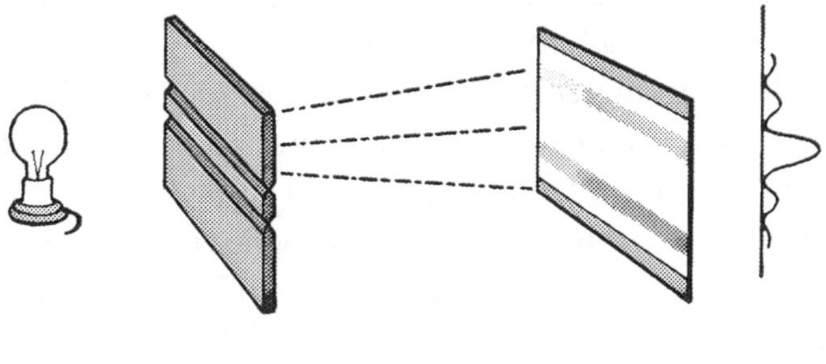

Figura 24 Experimento da dupla fenda. A luz incidente sobre uma tela através de duas aberturas estreitas produz um padrão de linhas claras e escuras, devido à interferência.

um padrão de faixas claras e escuras, um resultado devido à interferência, uma assinatura do caráter ondulatório da luz. O padrão, no entanto, é formado de pontos negros que surgem da interação das partículas individuais da luz (fótons) com a emulsão fotográfica. Dessa forma, dois fenômenos físicos, isto é, a interferência e a interação com o filme, exibem, no primeiro caso, caráter ondulatório e, no segundo, caráter de partícula. Além disso, o padrão de interferência é observado mesmo com intensidade extremamente baixa da luz, ou seja, mesmo quando os fótons passam um de cada vez pelas fendas. Consequentemente, esse padrão não é o resultado de interferência entre fótons, mas poderíamos dizer que surge da interferência de um fóton com ele mesmo! O mesmo efeito é observado com elétrons e até com átomos.

Essa intrigante dualidade onda-partícula é um aspecto muito fundamental da natureza, que pode ser detectado quando se observam fótons, elétrons ou outras partículas na escala atômica ou subatômica. Cada tipo de experimento põe em relevo ou o aspecto de partícula ou o caráter ondulatório desses entes. De acordo com J. J. Thomson,[27] pode-se dizer que nesse comportamento dúplice, como em uma luta "entre um tigre e um tubarão, cada um é supremo em seu próprio elemento, mas indefeso no do outro".

A descrição matemática das propriedades ondulatórias da matéria foi feita por outro pai fundador da mecânica quântica, o físico austríaco Erwin Schrödinger (1887-1961), depois de ter lido a tese de Louis de Broglie em 1925. Em um seminário apresentado no ano seguinte em Zurique, onde era professor de física, anunciou:[28] "Meu colega Debye [o físico holandês Peter Debye (1884-1966)] sugeriu que deveríamos ter uma equação de ondas; pois bem, encontrei uma!" A equação de onda de Schrödinger foi aplicada a uma multitude de problemas físicos, com soluções que aumentaram o rol de sistemas cujo comportamento é determinado pelo caráter quântico da matéria. Isso inclui, acima de tudo, a física do átomo e das partículas subatômicas.

A descrição e o entendimento do átomo mais simples, o de hidrogênio, foram realizados em 1926 por Schrödinger. Ele ficou frustrado, no entanto, quando o átomo mais simples seguinte, o de hélio, não cedeu à sua equação. Paul Adrian Maurice Dirac (1902-1984), físico inglês e outro membro do grupo de fundadores da nova física, comentou com Schrödinger que isso não era importante, o que importava era o valor estético da sua teoria. Em um relato posterior da sua célebre observação,[29] Dirac manteve que "...é mais importante para um cientista ter beleza na sua equação do que ter acordo com o experimento". Beleza também era mais importante do que o princípio da simplicidade, ou a economia de elementos, ou parâmetros, uma suprema exigência ou critério para uma teoria científica, conhecida como a navalha de Ockam,* nome dado em honra ao padre franciscano e lógico inglês William de Ockam (*c.* 1284-1349).

O período de 1925 em diante foi caracterizado por Dirac como a Idade de Ouro da física.[30] Ele deu, entre 1928 e 1931, uma importante contribuição a essa fase quando generalizou o trabalho de Schrödinger para tornar a equação de onda compatível com a teoria da relatividade de Einstein. Com tal

*"O pesquisador, em seus esforços para exprimir as leis fundamentais da natureza sob forma matemática, deve buscar principalmente a beleza matemática. Deve também levar a simplicidade em consideração de uma maneira subordinada à beleza... Frequentemente acontece que as demandas de simplicidade e beleza são as mesmas, mas quando elas colidem, a última deve ter precedência." P. A. M. Dirac, "The relation between mathematics and physics", Proc. Roy. Soc. (Edinburgh), 59 (1938/1939), p. 122-128 (25 de fevereiro de 1939), (James Scott Prize Lecture), citado por Helge Kragh, *Dirac — A Scientific Biography*, Cambridge University Press, Cambridge, 1991, p. 277.

modificação, emerge um outro atributo do elétron, o "spin", análogo, em termos da mecânica clássica, a um *momentum* intrínseco de rotação e que foi demonstrado no trabalho de dois físicos holandeses, Samuel Goudsmit (1902-1978) e George Uhlenbeck (1900-1988), em 1925. O spin é um importante conceito para a compreensão do magnetismo, como será discutido na próxima seção.

No experimento de dupla fenda, não se pode prever exatamente *onde* cada fóton individual atingirá o filme, apenas a probabilidade de bater em uma determinada região do filme. Outra incerteza cerca, por exemplo, o decaimento de um núcleo radioativo. Não se pode prever quando um dado átomo vai decair; podemos apenas afirmar que, após um certo tempo, uma proporção conhecida deles terá se desintegrado. Por exemplo, metade deles terá se desintegrado após um período conhecido como "meia-vida". É uma característica essencial do mundo quântico a impossibilidade de prever quando o decaimento de um núcleo ocorrerá, e mais, nas palavras do físico alemão Werner Heisenberg (1901-1976), a "causa para a emissão em um dado momento não pode ser encontrada".[31]

Outra estranha consequência da mecânica quântica é a existência de "superposição", o que significa, por exemplo, que o elétron pode estar em uma superposição de estados tal que o seu spin aponta ao mesmo tempo para cima e para baixo! Apenas quando se faz um experimento para determinar o seu estado — ou quando o elétron de algum modo interage com o meio — é que ele "escolhe" qual estado mostrar, para cima ou para baixo. O mesmo também se aplica, por exemplo, aos objetos em escala macroscópica. Vamos tomar o experimento de jogar uma moeda: à medida que a moeda cai, ela está em uma superposição de estados cara e coroa. No entanto, esse efeito é desprezível em escala macroscópica, pois qualquer interação, por exemplo, com uma molécula do ar, transforma praticamente de modo instantâneo essa superposição, definindo o resultado da jogada, como em um experimento de física clássica.[32] A destruição da chamada superposição coerente é conhecida como *descoerência*.

Um dos resultados mais notáveis da descrição quântica é a possibilidade de se determinar instantaneamente, em um experimento no qual duas partículas são emitidas, no momento em que o estado quântico de uma é medido, o estado quântico da outra, para qualquer distância entre elas. Isso é verdade mesmo quando a informação da primeira partícula não tem tempo para alcançar a segunda, em uma aparente violação do respeitado princípio de causalidade. Esse experimento não foi feito na época de Einstein, mas de qualquer forma ele não aceitava o resultado que se previa. Einstein pensava[33] que isso representaria o resultado de "ações a distância sobrenaturais". No entanto, essa estranha propriedade da natureza — frequentemente chamada de "não localidade" — encontrou verificação experimental pelo físico francês Alain Aspect na Universidade de Paris, em 1982.

Tal efeito surge de uma relação especial entre os estados das partículas, chamada de *emaranhamento*, que, segundo[34] Schrödinger, é "o traço característico da mecânica quântica". Devido à propriedade do emaranhamento, conhecer o estado de um par de partículas não significa que o estado de cada uma seja conhecido, isto é, de alguma forma as partículas são "inseparáveis". O efeito está na base da realização experimental do "teleporte",[35] que pode ser demonstrado experimentalmente passando o estado de uma partícula para outra, como demonstrado em laboratório em 1997.

A mecânica quântica tem sido extremamente bem-sucedida na descrição e na previsão de fenômenos na escala subatômica.

Além disso, o domínio dos princípios quânticos e sua aplicação ao conhecimento da física dos sólidos permitiram o projeto e a produção em larga escala de componentes e dispositivos eletrônicos. Já foi estimado que[36] cerca de 30% do Produto Interno Bruto (PIB) dos Estados Unidos depende de inovações que resultaram do conhecimento da mecânica quântica.

Apesar desses sucessos, a interpretação da mecânica quântica foi objeto de controvérsia desde os seus primeiros anos. Einstein e Bohr, por exemplo, mantiveram um longo debate, pois tinham pontos de vista conflitantes sobre essa interpretação. As equações matemáticas e os valores das quantidades físicas que se podem derivar da mecânica quântica são inquestionáveis, mas como podemos compreender os conceitos contrários à intuição dessa extraordinária teoria? Qual o significado da ideia fundamental da função de onda, que está presente na equação de Schrödinger?* Um autor de importantes contribuições à física quântica, o físico americano Richard Feynman (1918-1988), foi direto: "Acho que posso dizer com segurança que ninguém entende a mecânica quântica."[37]

Toda teoria científica revolucionária estimula a discussão dos fundamentos da ciência. A mecânica quântica, mais do que qualquer outra teoria, levou a uma reavaliação das ideias de causalidade e determinismo, objetividade e subjetividade. O crescimento da mecânica quântica e a ampla aceitação da validade da sua descrição dos fenômenos atômicos e subatômicos estimularam a discussão das implicações filosóficas

*Erich Hückel, jovem físico que estava em Zurique quando Erwin Schrödinger apresentou sua função de onda psi, apresentou em forma de verso sua estupefação:
"Erwin pode fazer com sua psi/ Cálculos em quantidade/ Mas uma coisa que não vimos/ Foi o que quer dizer exatamente psi?" (Felix Bloch, *Physics Today*, v. 29, dezembro de 1976, p. 24).

das ideias quânticas. Participaram desse debate não apenas filósofos, mas muitos cientistas, principalmente físicos. "O físico não pode simplesmente entregar ao filósofo a contemplação crítica dos fundamentos teóricos", argumentava Einstein. Ia mais longe e justificava:[38] "Pois ele é quem sabe mais e sente mais exatamente onde o sapato aperta."

O triunfo das ideias da mecânica quântica conduziu a um amplo questionamento da causalidade e do determinismo. Causalidade é essencialmente a hipótese básica de que os fenômenos naturais têm causas que os precedem. O conceito moderno de causalidade já fora enunciado[39] pelo filósofo inglês John Stuart Mill (1806-1873) em *Um sistema de lógica*:

> A Lei da Causação, cuja aceitação é o principal pilar da ciência indutiva, nada mais é do que a verdade familiar, segundo a qual a invariabilidade da sucessão é encontrada pela observação existente entre cada fato na natureza e algum outro fato que o precedeu (...).

Uma ideia correlata é a do determinismo, que significa, em termos simples, a possibilidade de prever eventos. Na versão do século XIX, ela está contida na famosa afirmativa do sábio francês Pierre-Simon, marquês de Laplace (1749-1827), segundo o qual[40]

> Uma inteligência que conhecesse, em qualquer instante de tempo, todas as forças que agem na natureza, assim como as posições instantâneas de todos as coisas que existem no universo, seria capaz de apreender os movimentos dos maiores corpos do mundo e os menores átomos em uma única fórmula, desde que ela fosse suficientemente poderosa para poder submeter todos os dados à análise. Para ela, nada seria incerto, o futuro e o passado estariam diante de seus olhos.

O determinismo mecânico exemplificado nas palavras de Laplace resultou do poder inegável da mecânica newtoniana de fazer previsões de longo alcance sobre muitos fenômenos, especialmente na astronomia. O alcance universal dessas previsões, no entanto, foi negado pelo desenvolvimento da teoria determinista do caos no século XX, principalmente após a década de 1960. Com essa teoria, os físicos demonstraram que, para uma grande variedade de fenômenos físicos, uma pequena incerteza nas condições iniciais leva, após uma evolução temporal, a uma larga faixa de valores para as variáveis relevantes (tais como posição e velocidade), tornando a previsão nesses casos virtualmente impossível. Mesmo com fenômenos descritos por leis físicas simples e bastante conhecidas, as previsões podem ser impossíveis.* Embora isto seja diferente da impossibilidade fundamental derivada da mecânica quântica, as consequências práticas podem ser análogas.

*Essa amplificação dos efeitos com o tempo pode ser ilustrada com uma passagem do conto do autor americano Ray Bradbury "Um som de trovão". Falando das consequências de um descuidado viajante no tempo matar um simples camundongo no passado, eliminando, portanto, as gerações seguintes desse animal, o guia explica. "Bem, e as raposas que precisariam desses camundongos para sobreviver? Por falta de dez camundongos, morre uma raposa. Sem dez raposas, um leão morre de fome. Na falta de um leão, todo tipo de insetos, abutres, infinitos bilhões de formas de vida são arrastadas no caos e na destruição. Finalmente, o resultado é este: 59 milhões de anos depois, um homem das cavernas, um entre 12 em *todo o mundo*, sai para caçar um javali selvagem ou um tigre-dentes-de-sabre para comer. Mas você, meu amigo, *pisou* em cima de todos os tigres da região. Ao pisar em *um* único camundongo. De modo que o homem das cavernas morre de fome. E note, o homem das cavernas não é *qualquer* homem prescindível, não! Ele é *uma futura nação completa*. Das suas entranhas teriam nascido dez filhos. Das entranhas *deles*, cem filhos, e assim por diante até uma civilização. Destrua esse homem e você destrói uma raça, um povo, uma história inteira de vida. É comparável a matar alguns dos netos de Adão. O peso do seu pé sobre um camundongo poderia iniciar um terremoto, cujos efeitos fariam a Terra e os destinos tremerem através dos tempos, até os seus alicerces." (Ray Bradbury, "A Sound of Thunder", in *Classic Stories 1*, Bantam Books, Nova York, 1990, p. 214.)

Um dos pioneiros da teoria de caos foi o meteorologista Edward Lorenz (1917). Ele observou que a atmosfera da Terra é um exemplo de um sistema cujo comportamento é essencialmente imprevisível. A influência imprevisível de um único fator na evolução do tempo global foi apelidada de "efeito borboleta", a partir do seu trabalho de 1979 apresentado na Associação Americana para o Avanço da Ciência, cujo título provocativo era: "Previsibilidade: o bater de asas de uma borboleta no Brasil provoca um tornado no Texas?"[41] Ele escolheu a borboleta inspirado em outra passagem do mesmo conto de Ray Bradbury, já citado em nota.

O debate sobre o impacto filosófico da mecânica quântica, em particular sobre temas como determinismo e causalidade, ainda continua. A incerteza, a não localidade e os aspectos probabilísticos da visão quântica parecem ser inerentes ao mundo físico, não às limitações no conhecimento do observador. A despeito das grandes realizações da mecânica quântica, seu significado permanece hoje tão intrigante quanto antes. Em épocas recentes, alguns dos aspectos não intuitivos do mundo quântico, tais como a superposição de estados (exemplo, elétrons com spin ao mesmo tempo para cima e para baixo), são vistos não como um problema, mas como características promissoras que abrem possibilidades de aplicações revolucionárias. Entre essas, temos as grandes promessas de um hipercomputador, usando o paralelismo intrínseco da computação quântica, e um código impossível de ser decifrado, usando a criptografia quântica.[42]

ÍMÃS MINÚSCULOS

Os avanços na teoria atômica com o modelo planetário proposto por Bohr acrescentaram um novo elemento ao problema do magnetismo. A circulação de elétrons em torno do núcleo representa uma corrente interna em escala subatômica que poderia explicar o magnetismo da matéria. As correntes elétricas que tinham sido propostas por Ampère quase cem anos antes existiam então dentro dos átomos; esses continham de fato circuitos de corrente; portanto, *os átomos se comportavam como minúsculos ímãs*. A compreensão de que as propriedades magnéticas da matéria surgiam, no fim das contas, de "ímãs" em escala atômica permitiu um grande avanço no estudo científico do magnetismo.

Em uma obra não publicada escrita em 1639-1640, o *Discorso sopra la calamita* (Discurso sobre a pedra-ímã), Benedetto Castelli (1577-1643), um discípulo de Galileu, argumentava[43] que toda substância teria propriedades magnéticas e poderia ser classificada de acordo com o fato de reter ou não a magnetização depois de ser magnetizada. Ele também teve a intuição de que a pedra-ímã era formada de corpúsculos magnéticos muito pequenos:[44] "São muito diminutos, talvez no menor grau de pequenez, e dão voltas em um instante de tempo, ou quase em um instante." Essa passagem é notável, pois contém a primeira sugestão da existência de ímãs de dimensão atômica na pedra-ímã.

Goudsmit e Uhlenbeck haviam mostrado, em 1925, que os elétrons tinham, além do movimento de translação, um *momentum* angular intrínseco, análogo ao de um objeto que gira em torno de seu eixo. Devido a esse *momentum* intrínseco, conhecido como "spin", o elétron age como um ímã, isto é, tem associado um "momento magnético", como é chamada essa propriedade. Como o elétron também tem um momento magnético associado ao seu movimento orbital em torno do núcleo, os elétrons têm duas contribuições aos seus momentos: do spin e orbital.

Embora os átomos tenham propriedades magnéticas porque contêm elétrons, no interior de cada órbita no átomo os momentos dos diferentes elétrons se cancelam uns aos outros quando as camadas ou órbitas estão cheias, isto é, quando contêm o número máximo de elétrons que podem acomodar. Isso não acontece nos átomos dos elementos com camadas incompletas, chamados de elementos de transição (por exemplo, ferro, cobalto, níquel); consequentemente, nesse caso, existe um momento magnético resultante, e os átomos exibem paramagnetismo (ou seja, serão fracamente atraídos por um ímã). Se os momentos magnéticos dos átomos forem naturalmente alinhados em paralelo, criando uma magnetização espontânea, o material é ferromagnético (nome derivado do ferro, ou *ferrum*, em latim, que tem essa propriedade).

O progresso no estudo do magnetismo seguiu duas linhas: uma dependia do aumento do conhecimento das propriedades do átomo e outra resultava do acúmulo de dados e da análise das propriedades gerais (ou macroscópicas) das substâncias magnéticas.

No século XIX, Michael Faraday classificou as substâncias de acordo com o seu comportamento em presença de um campo magnético aplicado. Ele encontrou três tipos principais de material, segundo sua resposta magnética: diamagnéticos, paramagnéticos e ferromagnéticos. Os primeiros — também chamados de diamagnetos — exibiam uma fraca repulsão de um ímã; essa propriedade tinha sido descoberta pelo holandês Sebald Justin Brugmans (1763-1819) em 1778, quando ele notou que o bismuto e o antimônio eram repelidos pelos polos de uma agulha magnética.[45] Os paramagnetos — por exemplo, os sais de cobalto — mostravam uma fraca atração, e os ferromagnetos, como o ferro metálico, uma forte atração. A quantidade que mede a resposta magnética de uma substância é a suscetibilidade magnética, dada quantitativamente pelo valor da magnetização na presença de um campo magnético, dividido pela intensidade do campo.

O começo da investigação moderna do magnetismo pode ser identificado com um estudo sistemático da dependência em relação à temperatura das propriedades magnéticas de várias substâncias, levado a cabo pelo físico francês Pierre Curie (1859-1906), que publicou seus resultados em 1895, em um artigo com mais de 100 páginas.[46] Ele descobriu que muitas substâncias apresentavam uma suscetibilidade que decrescia com o aumento da temperatura, de uma maneira inversamente proporcional à temperatura medida em graus Kelvin, em uma relação empírica que foi chamada de Lei de Curie.

Para uma classe de substâncias que Faraday chamou de paramagnéticas, a suscetibilidade é positiva; para as substâncias diamagnéticas, é negativa e menos dependente da temperatura. Verificou-se que a maioria dos gases, assim como os líquidos e alguns sólidos, era diamagnética. A maioria dos compostos dos elementos de transição (aquele com elétrons não pareados) é de paramagnetos.

Outro investigador francês, Paul Langevin (1872-1946), propôs, em artigos publicados em 1905 e 1910, uma teoria que foi muito bem-sucedida em explicar a dependência experimental com a temperatura, observada para o comportamento dos paramagnetos, inclusive a Lei de Curie. Anos depois, suas ideias foram confirmadas e reinterpretadas à luz dos conceitos da mecânica quântica.

Por que os momentos magnéticos dos átomos são alinhados em paralelo no ferro metálico e em outros ferromagnetos? Em 1907, o físico francês Pierre-Ernest Weiss (1865-1940) tentou explicar a origem do ordenamento dos momentos: ele postulou que para orientar um dado átomo em um pedaço de ferro, os átomos circundantes exerceriam sobre ele um campo magnético proporcional à magnetização. Nenhuma justificativa física aceitável foi dada para a existência desse campo, que permaneceu algo misterioso até a teoria quântica ser aplicada ao problema do ordenamento magnético. A origem do efeito que alinha os átomos de ferro foi descoberta simultaneamente por Heisenberg e por Dirac em 1926; ele resulta da superposição dos estados dos elétrons de diferentes átomos. Esse é um efeito essencialmente quântico, uma interação eficaz entre elétrons, que imita um campo magnético ou tem um resultado igual. O efeito está relacionado ao fato de que na nova física os elétrons são indistinguíveis, e a interação foi chamada de "interação de troca". O conceito de troca também permitiu o entendimento de certas forças químicas, por exemplo, aquelas que mantêm juntas moléculas dos gases nitrogênio ou hidrogênio.

Weiss foi o primeiro a explicar por que nem todo pedaço de ferro age como um ímã ou, em outras palavras, por que não tem necessariamente um momento magnético resultante. Embora cada pequena região de um pedaço de ferro tenha um momento magnético não nulo resultante do alinhamento dos momentos atômicos mencionado acima, geralmente o momento total de cada uma dessas pequenas regiões (chamadas de "domínios") aponta ao longo de uma direção diferente, de tal modo que o momento total é aproximadamente zero. Em um ímã, por outro lado, embora esses domínios ainda existam, eles apontam ao longo de algumas direções preferenciais e a soma total não é zero. Vamos discutir no Capítulo 7 quais materiais e tratamentos físicos ou químicos são necessários para atingir esse resultado. Na magnetita, de fórmula Fe_3O_4, o ímã arquetípico, embora existam momentos paralelos e antiparalelos no interior de cada domínio, existe um momento total não nulo pela mesma razão.

Algumas amostras exibem momentos magnéticos por átomo que são múltiplos de um valor elementar de momento. Weiss fez a hipótese falsa de que isso seria válido em todos os casos, de uma forma análoga à carga elétrica. Por duas décadas investiu nessa ideia, buscando provas até em torno de 1930.[47]

As propriedades magnéticas de um ferromagneto variam com a temperatura; a magnetização espontânea decresce com o aumento da temperatura e finalmente desaparece a uma temperatura que foi chamada de "temperatura de Curie", ou "ponto de Curie". O ferro metálico, por exemplo, tem uma temperatura de Curie de 770 °C. A magnetização de um ferromagneto também muda de forma característica quando um campo magnético externo é aplicado. O traço mais notável da curva de magnetização *versus* campo externo é que a magnetização fica para trás da variação do campo. É chamada de curva de "histerese", de *hysterein*, do grego "ficar para trás" (ver mais a respeito no Capítulo 7).

A existência de camadas eletrônicas incompletas nos átomos proporcionou a explicação correta para a compreensão do magnetismo dos sais, os quais, em geral, são isolantes elétricos. O magnetismo de metais e ligas, por outro lado, parecia bem diferente. Em particular, a dependência da temperatura da magnetização é diferente daquela observada nos isolantes. A explicação teórica para o magnetismo do ferro, cobalto e níquel e de suas ligas foi desenvolvida na década de 1930, com o trabalho de Nevill Mott (1905-1996) e E. C. Stoner (1899-1968), na Inglaterra, e J. C. Slater (1900-1976), nos Estados Unidos. Esses autores usaram uma diferente abordagem daquela aplicada aos sais, postulando nesse caso que os elétrons ocupavam faixas ou bandas de energia, como já havia sido proposto pelo físico austríaco Wolfgang Pauli (1900-1958) em 1927. Segundo essa visão, alguns dos elétrons envolvidos na condução elétrica em um metal magnético têm seus momentos na direção "para cima" (a direção do campo magnético aplicado) e alguns outros apontam na direção "para baixo". O momento magnético observado, ou a magnetização, ou seja, o momento total por unidade de volume, é a diferença entre o total "para cima" e o total "para baixo", por volume.

Algumas novas formas de ordem magnética, ou tipos de materiais magnéticos, foram acrescentadas aos três tipos originais (diamagnéticos, paramagnéticos e ferromagnéticos). O físico francês Louis-Eugène-Félix Néel (1904-2000), em 1932, e o físico soviético Lev Davidovich Landau (1908-1968), em 1933, sugeriram, independentemente, a existência de materiais que tinham momentos magnéticos atômicos de mesma magnitude, mas alinhados de forma antiparalela — os antiferromagnetos. O momento total de um antiferromagneto é zero. Na mesma década, algumas medidas experimentais de magnetização *versus* campo aplicado confirmaram essa previsão, e concluiu-se que esse tipo de ordem magnética era bastante comum. Quando os ímãs atômicos são antiparalelos, mas seus momentos magnéticos não são todos iguais e, portanto, existe um momento total não nulo, o material é chamado de "ferrimagnético". Muitos compostos de ferro se magnetizam dessa forma, entre eles o óxido de ferro Fe_3O_4, — a magnetita, o principal constituinte da pedra-ímã.

Em 1935 mostrou-se que o metal gadolínio, de uma família de elementos chamados de "terras raras", era um ferromagneto como o ferro. As terras raras incluem os elementos da família do lantânio, chamados lantanídeos, e mais os elementos ítrio e escândio. Duas décadas depois, as ricas propriedades magnéticas das terras raras foram estudadas com muito mais detalhe, com a disponibilidade de elementos mais puros.

Depois da Segunda Guerra Mundial, o estudo da série de compostos de fórmula XFe_2O_4 (em que X=Ni, Mn, Fe etc.), chamados de ferritas, revelou interessantes propriedades magnéticas, que foram usadas em muitas aplicações, como ímãs permanentes e núcleos de transformadores, por exemplo.

Com o interesse nos elementos da família do urânio, criado com o nascimento da era nuclear, as propriedades desses elementos, chamados de actinídeos, e seus compostos foram investigadas. A maior disponibilidade desses elementos, em quantidade e pureza, mostrou que os actinídeos são também magnéticos e apresentam forte analogia com os lantanídeos.

O estudo dos compostos formados pela combinação de metais, especialmente aqueles contendo terras raras, mostrou muitos atributos interessantes, que desde a década de 1970 têm sido postos a serviço da fabricação de ímãs permanentes.

A maior parte dos estudos de magnetismo com amostras metálicas tem sido feita com essas no estado cristalino, no qual os átomos estão arranjados de forma regular, lado a lado. Mais recentemente, entretanto, o interesse dos pesquisadores de ciência de materiais voltou-se para as propriedades magnéticas das ligas amorfas, isto é, as que não são cristalinas. As primeiras ligas metálicas amorfas, de ouro-silício, foram preparadas pelo físico americano de origem belga Pol Duwez (1907-1984) no Instituto de Tecnologia da Califórnia (Caltech), em 1959. Ligas amorfas geralmente são obtidas por resfriamento rápido de soluções de metais fundidos, tão rapidamente que os metais se solidificam mais depressa do que os cristais se formam. Os materiais metálicos amorfos, também chamados de vidros metálicos, são resistentes à corrosão e encontraram aplicações que usam a sua alta resposta magnética. Esse ponto será retomado quando discutirmos materiais magnéticos no século XX, no Capítulo 7.

O estudo dos filmes finos magnéticos a partir da década de 1980 revelou importantes resultados na física de sólidos de baixa dimensionalidade. Técnicas que tinham sido aperfeiçoadas para a fabricação de dispositivos semicondutores permitiram a produção de filmes tão finos quanto uma camada atômica. Com as técnicas de preparação de filmes, novos materiais podem ser fabricados pela superposição de camadas de diferentes elementos, cristalinos ou amorfos, cada um com as necessárias características magnéticas. Novas estruturas podem ser criadas pela combinação de camadas de espessura atômica ou até pela manipulação de átomos individuais. Isso estimulou a investigação de novas propriedades magnéticas e abriu o caminho para muitas aplicações, mais notavelmente em sensores magnéticos e cabeças de gravação. Filmes muito finos de metais magnéticos exibem diferenças em seu magnetismo comparado às amostras volumosas. A ordem magnética espontânea, por exemplo, geralmente desaparece em filmes à medida que se preparam amostras mais e mais finas, aproximando-se do limite da espessura de uma camada atômica.[48]

PODEMOS EXPLICAR O MAGNETISMO?

O entendimento da estrutura do átomo e as descobertas da mecânica quântica, em particular a ideia de interação de troca introduzida por Werner Heisenberg e Paul Dirac em 1926, explicaram o mistério da ordem magnética em materiais magnéticos. Mas o que queremos dizer realmente quando afirmamos que o magnetismo foi "explicado" por essas descobertas?

Vimos nos capítulos anteriores como a ciência começou e se desenvolveu a partir dos primeiros esforços dos filósofos gregos, desde o trabalho pioneiro dos milesianos (de Mileto) até os estoicos. Esse processo incorporou diferentes elementos do pensamento grego, tais como a importância atribuída aos números pelos pitagóricos, à matematização da descrição da natureza no platonismo. E mais, incluiu a investigação dos princípios da lógica pelos estoicos e por Aristóteles; e, finalmente, o valor da observação por Aristóteles e as sementes da experimentação por Arquimedes.

Os filósofos gregos propuseram várias ideias para explicar o magnetismo, esses "efeitos muito difíceis de entender", nas palavras do tratado do chinês Huai Nan Tzu. As ideias geralmente eram baseadas em elementos mecanísticos, como os argumentos que envolviam o fluxo de ar ou a mediação do vácuo na atração magnética. Algumas descrições tinham um caráter vitalista ou animista, dotando o ímã de vida ou de alma. Não poderia ser de outra forma, pois os gregos não tinham conhecimento dos fatos físicos fundamentais que só seriam descobertos 20 séculos depois. Essencialmente, tais fatos tinham a ver, por um lado, com a estrutura da matéria e, por outro, com as relações entre fenômenos magnéticos e elétricos, em ambos os casos conhecimento que seria adquirido durante o século XIX e o início do século XX. A física dos fenômenos subatômicos — a física quântica — descoberta na primeira metade do século XX constitui outro aspecto dos fundamentos necessários para a explicação do magnetismo.

Existe o sentimento de que os seres humanos têm um impulso inato de "explicar" as coisas; há um sentimento de alívio quando é dada uma explicação para um fenômeno até aquele momento não entendido. Uma afirmativa que faz um fato ou acontecimento se encaixar em um quadro aceito de suposições, desfazendo, portanto, o mistério, é uma explicação que produz segurança ou confiança.[49]

Escreveu o físico americano Percy Williams Bridgman (1882-1961),[50] expoente da abordagem operacional na filosofia da ciência:

> Creio que o exame mostrará que a essência de uma explicação consiste em reduzir uma situação a elementos com os quais estamos tão familiarizados que os aceitamos como naturais e nossa curiosidade é aplacada.

Quais seriam as exigências a ser cumpridas por uma explicação científica do magnetismo? Para "explicar" o fenômeno, seria necessário relacionar os fatos empíricos conhecidos do magnetismo aos fenômenos físicos fundamentais ou às leis gerais da natureza. Por exemplo, a explicação da gravidade foi dada quando Newton estabeleceu a Lei da Gravitação Universal, isto é, quando identificou como uma propriedade universal da matéria a atração entre objetos com uma força proporcional às suas massas.

No entanto, os filósofos da ciência discordam sobre a possibilidade de a ciência "explicar qualquer coisa".* Por exemplo, na sua célebre obra *A estrutura da ciência* (1961), o filósofo americano nascido na Hungria Ernest Nagel (1901-1985) escreve:[51]

> (...) mesmo se as leis e teorias da ciência forem verdadeiras, elas não são nada mais do que verdades logicamente contingentes sobre as relações de concomitância ou ordem sequencial de fenômenos. Consequentemente, as perguntas às quais a ciência responde são questões de como (de que maneira ou em que circunstâncias) os eventos acontecem e as coisas se relacionam. As ciências, portanto, conseguem constituir o que são apenas sistemas abrangentes e precisos de descrição, não de explicação.

Isso não é, entretanto, o que os cientistas em geral acreditam e desejam atingir. Eles não se satisfazem até sentir que descobriram o que consideram que sejam "explicações" para os fatos observados empiricamente. Uma visão com a qual a maioria dos cientistas se identificaria é a de W. C. Salmon, que vê as explicações científicas como afirmativas que mostram como determinados eventos "se encaixam na estrutura

*É mais sábio não elaborar muito sobre esse tema aqui, pois, segundo R. Torreti, a discussão do verdadeiro significado de explicação dá lugar a "uma vasta e aborrecida literatura" (R. Torreti, *The Philosophy of Physics*, Cambridge University Press, Cambridge, 1999, p. 244).

causal do mundo".[52] Ou o que escreveu o filósofo americano de origem alemã Carl Hempel (1905-1997), para o qual uma explicação para um fato é dada por "(i) efeitos particulares e (ii) uniformidades expressas por leis gerais, das quais o fato deve decorrer".[53] Essa visão é muito próxima daquela esposada pelo filósofo e bispo irlandês George Berkeley (1685-1753) há uns 300 anos:[54] "(...) explicação consiste apenas em mostrar conformidade que algum fenômeno particular tem com as leis gerais da natureza ou, o que é o mesmo, descobrir a uniformidade que existe na produção de efeitos naturais." Esses três autores, os primeiros dois do século XX e o terceiro de três séculos antes, concordam que a ciência *pode* explicar os fatos da natureza; no entanto, discordam da importância das causas. As citações de Berkeley e Hempel estão de acordo com uma observação[55] do filósofo positivista francês Auguste Comte (1798-1857): "Explicação por leis, e não pelas causas, constitui o traço distintivo da ciência positiva madura."

Quão longe podemos ir quando perguntamos "por quê"? Por exemplo, vimos na disputa entre Leibniz e Newton que eles discordavam sobre a necessidade de buscar a origem da gravitação (ver Capítulo 4). Podemos perguntar, no caso da gravitação, por que a matéria tem essa propriedade de atração?* A resposta é que na era moderna não se considera como parte da ciência encontrar respostas para tais "por quês" finais. Os pensadores gregos perguntaram muitos "por quês" que

*Sobre essa questão, o matemático inglês Karl Pearson (1857-1936) escreveu em seu clássico *A gramática da ciência* que podemos "descrever como uma pedra cai para a Terra, mas não porque ela o faz" (*The Grammar of Science*, Everyman, 1937, p. 103, citado por P. Edwards *in* "Why", in *The Encyclopedia of Philosophy*, P. Edwards (org.), Nova York, Macmillan, 1967, p. 297).

pertenciam na época, e ainda pertencem hoje, ao domínio da filosofia ou ao ramo dessa chamado metafísica; essas são as questões mais gerais, como "O que é o ser?" e assim por diante. Algumas dessas são semelhantes às "perguntas que as crianças fazem, mas que o consciente dos adultos descarta como irrespondíveis e as esquece".[56] Muitas das perguntas que os primeiros filósofos faziam — aquelas mais específicas — foram respondidas pelas diferentes ciências; esse é o caso de muitas das perguntas relacionadas ao mundo físico.

Passando a um outro nível ainda mais geral de "por quês", podemos finalmente fazer a pergunta: "Por que existe alguma coisa em lugar de nada?" Essa obviamente é uma pergunta muito geral; de fato, é difícil se pensar em uma interrogação mais abrangente do que essa, que foi chamada de pergunta superfinal.[57] O tema, talvez o maior problema metafísico, foi qualificado por muitos filósofos — talvez surpreendentemente, não por todos eles — como uma questão sem sentido. Outros a descreveram como "extraordinária", ou um "mistério" ou, como o filósofo alemão do século XX Martin Heidegger (1889-1976), uma questão "incomensurável com qualquer outra".[58]

"Extraordinária", ou um "mistério", essa intrigante questão permanece até nossos dias muito diferente dos incontáveis "por quês" e "comos" que os cientistas perguntam a cada dia sobre a natureza e dos quais resulta o progresso científico. E as respostas a essas indagações, que relacionam o problema em escrutínio ao conhecimento fundamental sobre a correspondente ciência particular, são, para a maioria dos propósitos práticos, explicações válidas.

Leituras adicionais

Abraham Pais, "Introducing Atoms and Their Nuclei", *in Twentieth Century Physics*, v. I, Laurie M. Brown, Abraham Pais e Brian Pippard (orgs.), Institute of Physics Publishing, Bristol, 1995.

Helge Kragh, *Quantum Generations, a History of Physics in the Twentieth Century*, Princeton University Press, Princeton, 1999.

J. L. Heilbron, *The Dilemmas of an Upright Man — Max Planck as Spokesman for German Science*, University of California Press, Berkeley, 1986.

K. W. H. Stevens, "Magnetism", *in Twentieth Century Physics*, v. II, Laurie M. Brown, Abraham Pais e Brian Pippard (orgs.), Institute of Physics Publishing, Bristol, 1995.

M. Tegmark e J. A. Wheeler, *100 Years of Quantum Mysteries*, Scientific American, fevereiro de 2001, p. 54.

P. C. W. Davies e J. R. Brown (orgs.), *The Ghost in the Atom: a Discussion of the Mysteries of Quantum Physics*, Cambridge University Press, Cambridge, 1993.

P. Edwards "Why", *in The Encyclopedia of Philosophy*, P. Edwards (orgs.), Macmillan, Nova York, 1967, p. 297.

Stephen T. Keith e Pierre Quédec, "Magnetism and Magnetic Materials", *in Out of the Crystal Maze, Chapters from the History of Solid-State Physics*, Lillian Hoddeson, Ernest Braun, Jürgen Teichmann, Spencer Weart (orgs.), Oxford University Press, Nova York, 1992.

Victor Guillemin, *The Story of Quantum Mechanics*, Charles Scribner's Sons, Nova York, 1968.

Notas

1. R. M. Bozorth, *The Physical Basis of Ferromagnetism*, Bell Systems Technical Journal, v. 19 (1940) 1, p. 2, citado por Stephen T. Keith e Pierre Quédec, "Magnetism and Magnetic Materials", *in Out of the Crystal Maze, Chapters from the History of Solid-State Physics*, Lillian Hoddeson, Ernest Braun, Jürgen Teichmann e Spencer Weart (orgs.), Oxford University Press, Nova York, 1992, p. 422.

2. G. Sarton, *A History of Science*, G. Cumberlege, Londres, 1953, p. 253.
3. Simplicius, "Commentary on the Physics", citado por J. Barnes, *Early Greek Philosophy*, Penguin Books, Londres, 1987, p. 248.
4. Simplicius, *op. cit.*, p. 247.
5. *The Science of Matter*, M. P. Crosland (org.), Penguin Books, Harmondsworth, 1971, p. 40.
6. *Idem*, p. 41.
7. René Descartes, "Discourse on Method, Optics, Geometry, and Meteorology", P. J. Olscamp (trad.), Bobbs-Merrill, Indianapolis, 1965, p. 264-5, *in The Science of Matter*, *op. cit.*, p. 71.
8. René Descartes, "Philosophical Writings", E. Anscombe e P. T. Geach (trads.), Nelson and Sons, London, 1954, p. 207, *in The Science of Matter*, *op. cit.*, p. 71.
9. Robert Boyle, "The Sceptical Chymist", 1661; Edição moderna: Dent, Londres, 1911, p. 30-31, *in The Science of Matter*, *op. cit.*, p. 74.
10. Dalton, in *The Science of Matter*, *op. cit.*, p. 202.
11. E. R. Scerri, *The Evolution of the Periodic System*, Scientific American, setembro de 1998, p. 56.
12. J. J. Thomson, *in The Science of Matter*, *op. cit.*, p. 356.
13. R. Rhodes, *The Making of the Atomic Bomb*, Penguin Books, Londres, 1986, p. 49.
14. Ernest Rutherford, citado por Victor Guillemin, *The Story of Quantum Mechanics*, Charles Scribner's Sons, Nova York, 1968, p. 33.
15. Ernest Rutherford, citado por Freeman Dyson, *Infinite in All Directions*, Penguin Books, Londres, 1988, p. 41.
16. Helge Kragh, *Quantum Generations, a History of Physics in the Twentieth Century*, Princeton University Press, Princeton, 1999, p. 3.
17. Helmut Rechenberg, "Quanta and Quantum Mechanics", *in Twentieth Century Physics*, v. I, Laurie M. Brown, Abraham Pais e Brian Pippard (orgs.), Institute of Physics Publishing, Bristol, 1995, p. 150.
18. J. L. Heilbron, *The Dilemmas of an Upright Man — Max Planck as Spokesman for German Science*, University of California Press, Berkeley, 1986, p. 34.
19. J. L. Heilbron, *op. cit.*, p. 98.
20. J. L. Heilbron, *op. cit.*, p. 24.

21. Albert Einstein, “On the Investigation of the State of the Ether in the Magnetic Field”, 1895, mencionado por Lewis Pyenson, *The Young Einstein: the Advent of Relativity*, Adam Hilger, Bristol, 1985, p. 8.
22. Abraham Pais, *Subtle is the Lord, the Science and Life of Albert Einstein*, Oxford University Press, Oxford, 1982, p. 245.
23. *Time Magazine*, Nova York, 31 de dezembro de 1999.
24. A. Eucken, *Anhang Die Theorie der Strahlung und Quanten*, Halle, Knapp, 1914, p. 373, citado por Helmut Rechenberg, *op. cit.*, p. 146.
25. R. H. Stuewer, *History and Physics*, Science & Education, v. 7, 1998, p. 13-30, p. 20.
26. Abraham Pais, “Introducing Atoms and Their Nuclei”, in *Twentieth Century Physics*, *op. cit.*, p. 95.
27. J. J. Thomson, *Structure of Light*, Cambridge University Press, Cambridge, 1925, p. 15, citado por B. R. Wheaton, *The Tiger and the Shark, Empirical Roots of Wave-Particle Dualism*, Cambridge University Press, Cambridge, 1992, p. 306.
28. Felix Bloch, Physics Today, v. 29, dezembro de 1976, p. 23.
29. P. A. M. Dirac, *The Evolution of the Physicist's Picture of Nature*, Scientific American, maio de 1963, p. 45-53.
30. P. A. M. Dirac, *The Development of Quantum Theory – J. Robert Oppenheimer Memorial Prize Acceptance Speech*, Gordon and Breach, Nova York, 1971, p. 66.
31. Werner Heisenberg, *Physics and Philosophy*, Hanish Hamilton, Londres, 1962, p. 77.
32. M. Tegmark and J. A. Wheeler, “100 Years of Quantum Mysteries”, *Scientific American*, fevereiro de 2001, p. 54.
33. *The Born-Einstein Letters*, Irene Born (trad.), Walker, Nova York, p. 158, citado por N. David Mermin, “Spooky Actions at a Distance”, The Great Ideas Today, Encyclopaedia Britannica, Chicago, 1988, p. 11.
34. E. Schrödinger, “Discussion of the Probability Relations Between Separated Systems”, Proceedings of the Cambridge Philosophical Society, v. 31, 1935, p. 555-563, citado por Jeffrey Bub, “Indeterminacy and Entanglement: The Challenge of Quantum Mechanics”, *British Science Journal of Philosophy of Science*, 51, 2000, p. 604.

35. A. Zeilinger, "Quantum Teleportation", *Scientific American*, abril de 2000, p. 32.
36. M. Tegmark e J. A. Wheeler, *op. cit.*, p. 54.
37. R. Feynman, "The Character of Physical Law", Cambridge University Press, Cambridge, 1965, p. 129, citado por J. T. Cushing, *Philosophical Concepts in Physics*, Cambridge University Press, Cambridge, 2000, p. 317.
38. Albert Einstein, *Out of My Later Years*, Philosophical Library, 1950, Nova York, citado por Victor Guillemin, *The Story of Quantum Mechanics*, Charles Scribner's Sons, Nova York, 1968, p. 263.
39. John Stuart Mill, *A System of Logic*, Longmans, Green and Co., Londres, 8ª edição, 1936, p. 213.
40. Pierre-Simon Laplace, citado por Victor Guillemin, *The Story of Quantum Mechanics*, *op. cit.*, p. 280.
41. James Gleick, *Chaos, Making a New Science*, Penguin Books, Nova York, 1988, p. 322.
42. Simon Singh, *The Code Book: the Science of Secrecy from Ancient Egypt to Quantum Cryptography*, Anchor Books, Nova York, 1999.
43. Piero E. Ariotti, *Benedetto Castelli's Discourse on the Loadstone (1639-1640): the Origin of the Notion of Elementary Magnets Similarly Aligned*, Annals of Science, v. 38, 1981, p. 135.
44. Piero E. Ariotti, *op. cit.*, p. 137.
45. A. Wolf, *History of Science, Technology and Philosophy in the 18th. Century*, vol. 1, 2ª edição, George Allen & Unwin, Londres, 1962, p. 269.
46. Stephen T. Keith e Pierre Quédec, *op. cit.*, p. 364.
47. Stephen T. Keith e Pierre Quédec, *op. cit.*, p. 384.
48. F. J. Himpsel, J. E. Ortega, G. J. Mankey e R. F. Willis, *Magnetic Nanostructures*, Adv. Phys. 47, 1998, p. 511.
49. B. Willey, *The Seventeenth Century Background*, Penguin Books, Harmondsworth, 1967, p. 10-11.
50. P. W. Bridgman, "The Logic of Modern Physics", Macmillan, Nova York, 1927, p. 37, citado por B. d'Espagnat *in Reality and the Physicist*, Cambridge, University Press, Cambridge 1989, p. 89.
51. E. Nagel, *The Structure of Science*, Hackett Publishing Company, Indianapolis, 1979, p. 26.

52. W. C. Salmon, "A Third Dogma of Empiricism", *in* R. Butts e J. Hintikka (orgs.), *Basic Problems in Methodology and Linguistic*, Dordrecht, D. Reidel, 1977, p. 166, citado por W. C. Salmon, *Scientific Explanation and the Causal Structure of the World*, Princeton University Press, Princeton, 1984, p. 19.
53. C. G. Hempel, "Explanation in Science and History", *in* R. G. Colodny (orgs.), *Frontiers in Science and Philosophy*, 7-34, University of Pittsburgh Press, Pittsburgh, 1962, p. 10, citado por W. C. Salmon, *op. cit.*, p. 19.
54. G. Berkeley, "A Treatise Concerning the Principles of Human Knowlege (*sic*)", impresso por A. Rhames para J. Pepyat, Dublin, 1710, §62, citado por R. Torreti, *The Philosophy of Physics*, Cambridge University Press, Cambridge, 1999, p. 102.
55. R. Torreti, *op. cit.*, p. 103.
56. B. Willey, *op. cit.*, p. 19.
57. P. Edwards, "Why", *in The Encyclopedia of Philosophy*, P. Edwards (org.), Macmillan, Nova York, 1967, p. 297.
58. M. Heidegger, *An Introduction to Metaphysics*, Yale University Press, New Haven, 1959, p. 4, citado por P. Edwards, *op. cit.*, p. 301

CAPÍTULO 6 Ímãs grandes e pequenos

> Uma influência das manchas solares sobre a Terra está perfeitamente demonstrada. Quando são numerosas, distúrbios magnéticos (...) são mais numerosos e violentos na Terra (...) A natureza e o mecanismo desta conexão ainda não são conhecidos, mas não há dúvida sobre a realidade desse fato.
>
> C. A. Young, *A Textbook of General Astronomy*, Ginn and Co., Boston, 1888[1]

INTRODUÇÃO

Desde o fim do século XVI, quando Gilbert atribuiu ao magnetismo da Terra a orientação da bússola, seguiu-se a conclusão de que objetos com dimensões em diferentes escalas — a agulha magnética e o planeta Terra — exibiam "atividade" magnética. Na Era Moderna descobriu-se que essa escala é muito mais ampla, pois a maioria das partículas subatômicas, assim como as galáxias, é cercada por campos magnéticos.

No mundo microscópico, o magnetismo das partículas que constituem a matéria, ou daquelas observadas apenas em colisões induzidas por aceleradores de partículas, é relacionado com seu *momentum* angular intrínseco — ou spin — ou com seu movimento orbital, que é o caso, por exemplo, dos elétrons que se movem em torno do núcleo atômico. A partícula mais importante do ponto de vista do magnetismo é o elétron, pois, como já vimos, ele dá a contribuição principal ao magnetismo da matéria. Também é o movimento dos elétrons em escala macroscópica, através de fios e bobinas, que cria os campos magnéticos em eletroímãs e solenoides.

Além da Terra, outros corpos celestes têm campos magnéticos associados, particularmente o Sol e alguns planetas. A nossa Via Láctea e outras galáxias também manifestam propriedades magnéticas reveladas por meio de técnicas ópticas, isto é, as que extraem a informação sobre campos magnéticos por meio da análise da luz emitida por eles. Em particular, galáxias espirais mostram um desenho de linhas de campo, entre a distribuição espiral de estrelas, descritas como "braços magnéticos".

Elétrons e galáxias são objetos físicos que diferem em tamanho por um fator de 10^{36} (raio da partícula 10^{-15} m, raio da galáxia 10^{21} m), ou um trilhão de trilhões de trilhões de vezes, ou seja, um número com 36 zeros. Essa é a fantástica faixa de escalas nas quais são observados os fenômenos magnéticos.

A atividade magnética não é observada apenas no mundo inanimado. Em nosso planeta, a vida evoluiu imersa no campo magnético local e de algum modo muitas criaturas vivas sentem esse campo e o usam para orientação.

O GRANDE ÍMÃ

Magnus magnes ipse est globus terrestris — "o globo da Terra é ele mesmo um grande ímã", afirmou[2] Gilbert em 1600, em *De magnete*. Essa descoberta é notável sob muitos pontos de vista e representa um passo importante no conhecimento sobre a Terra; de fato, a propriedade magnética representa o segundo atributo geral a ser associado ao nosso planeta; o primeiro, sua forma redonda.[3] Embora seja de fato um grande ímã, a Terra não é como um imenso pedaço de magnetita; seu magnetismo é mais parecido com o de um eletroímã e surge de correntes elétricas macroscópicas, como será explicado adiante.

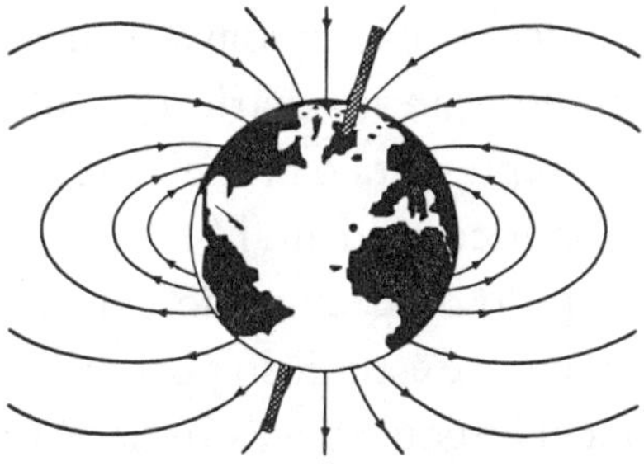

Figura 25 As linhas do campo magnético da Terra.

O ímã Terra cria na vizinhança, e especialmente na superfície, um campo magnético que produz muitos efeitos observáveis; o poder de alinhar a agulha magnética foi o primeiro desses a ser descoberto (Figura 25). As características desse campo foram estudadas por Gilbert e por um número incontável de pesquisadores nos 400 anos subsequentes: intensidade, direção relativa à superfície do planeta, variação com o tempo e assim por diante. As propriedades magnéticas da Terra só puderam começar a ser explicadas depois que foi desvelada a relação entre eletricidade e magnetismo, na primeira metade do século XIX.

Como já discutimos no Capítulo 2, geralmente a direção do campo magnético da Terra em cada ponto da superfície é desviada do sentido do meridiano (direção norte-sul); esse desvio é chamado de declinação. No fim do século XV, marinheiros da Europa Ocidental sabiam que a bússola apontava a leste do norte verdadeiro. Em setembro de 1492, os marinheiros sob o comando de Cristóvão Colombo (*c.* 1450-1506) ficaram "amedrontados" e "consternados" em sua primeira viagem, quando, a oeste dos Açores, a agulha magnética girou, mostrando uma declinação para oeste. Isso significava que a declinação mudava de um ponto da Terra para outro, e a anotação no diário de Colombo em 13 de setembro de 1492 representa o primeiro registro desse desvio para oeste no Atlântico ocidental.[4]

O primeiro estudo da declinação em escala mundial foi feito pelo comandante e estudioso português João de Castro (1500-1548), que navegou para as Índias Orientais e para o mar Vermelho em 1538, fazendo cerca de 50 observações.[5] Ele obteve a direção do norte verdadeiro por meio da posição do sol e comparou-a com a direção da bússola magnética, obtendo, portanto, a declinação em cada ponto. Castro foi depois indicado vice-rei na Índia Portuguesa, onde morreu, em Goa, em 1548.

No século seguinte, em 1698 e 1700, o astrônomo e matemático inglês Edmund Halley (1656-1742) compilou o primeiro mapa com valores da declinação, com dados coletados em uma expedição que se constitui nas primeiras viagens marítimas organizadas com propósitos exclusivamente científicos. Sua Carta Atlântica foi publicada em 1701 e representava a declinação magnética por curvas de nível. Esse é o primeiro exemplo conhecido de representação por curvas de nível, um tipo de gráfico subsequentemente chamado de "curva de Halley".[6]

O desvio da agulha magnética do plano horizontal — a inclinação — foi estudado sistematicamente pela primeira vez por Gilbert, que verificou que a bússola apontava horizontalmente no equador e se afastava gradualmente do plano horizontal à medida que o observador se movia em direção aos polos. Gilbert inicialmente pensou que o ângulo entre a agulha da bússola e o plano daria diretamente a latitude, mas essa é apenas uma medida muito grosseira.

Uma agulha magnética deslocada da direção do campo magnético e então liberada tende a se realinhar com o campo, oscilando até atingir o paralelismo em relação a esse. A agulha oscilará mais rapidamente quanto mais intenso for o campo, fato que tem sido usado para medir a intensidade do campo da Terra. O primeiro levantamento de tal intensidade usando essa técnica foi feito pelo francês Robert de Paul, de Lamanon (1752-1787), na expedição comandada pelo navegador francês Jean François Galaup, conde de La Pérouse (1741-*c.* 1788).[7] Desafortunadamente, os dados foram perdidos com o naufrágio do seu navio *La Boussole*. Em 1791-1794, o almirante De Rossel determinou a intensidade do campo magnético em função da latitude, verificando o aumento sistemático em direção aos polos; seus resultados foram publicados em 1808. A dependência da magnitude do campo com a latitude também foi observada pelo naturalista alemão Alexander von Humboldt (1769-1859) na sua missão científica de 1799-1803. Ele dava um valor tão grande a tais dados que descreveu o feito como “o mais importante resultado” de sua viagem à América.[8]

O campo geomagnético tende a ser mais intenso próximo aos polos, com um máximo de cerca de 0,00006 tesla (ou 0,6 gauss) e um mínimo de cerca de 0,000024 tesla, encontrado na América do Sul, próximo ao Rio de Janeiro.[9]

O campo magnético da Terra também exibe variações com o tempo tanto na intensidade quanto na declinação. Em 1634, o astrônomo inglês Henry Gellibrand (1597-1636), professor no Gresham College, em Londres, descobriu a variação da declinação com o tempo. O efeito tem sido desde então acompanhado por mais de 300 anos. O relojoeiro inglês George Graham (1674-1751), apontando um microscópio para a ponta de uma agulha magnética, detectou algumas oscilações muito rápidas, na escala de segundos, decorrentes de diminutas mudanças na declinação.

As variações da intensidade do campo magnético em função do tempo são observadas em diferentes escalas de tempo. Existem mudanças que ocorrem em escalas muito curtas, da ordem de milésimos de segundos, e outras lentas, que levam milhões de anos. Na escala de períodos longos, sabe-se que a intensidade do campo vem decrescendo nos últimos milhares de anos em cerca de 5% por século e, portanto, espera-se que seja atingido um valor próximo de zero em torno do ano 4000, se essa tendência persistir.

A direção da magnetização da Terra também tem mudado muitas vezes. Nos últimos seis milhões de anos, inverteu-se aproximadamente uma vez a cada 300 mil anos.

O conhecimento das variações de longo prazo do campo magnético da Terra é baseado principalmente no estudo das propriedades magnéticas das rochas. O princípio é simples: rochas ígneas, formadas, por exemplo, pelo derramamento de lava vulcânica, ao se solidificar sob a ação de um campo magnético, apresentarão alguma magnetização residual que pode ser relacionada tanto com a intensidade quanto com a direção do campo magnético atuante na ocasião. Rochas sedimentares, formadas sob as mesmas condições de campo magnético, também retêm uma magnetização, chamada de remanente (termorremanente, no primeiro caso). Outro mecanismo de magnetização surge das enormes correntes elétricas que fluem quando, durante uma tempestade, os raios atingem o solo.

O físico irlandês Joseph Larmor (1857-1942) propôs, no século XX (1919), uma teoria para explicar a origem do magnetismo do Sol; esse é chamado modelo do dínamo. A teoria foi mais tarde aplicada à Terra e tem sido refinada por vários pesquisadores, permanecendo a base da explicação física do magnetismo da Terra.* Ela atribui ao núcleo fundido de ferro da Terra o papel de produzir, como um dínamo, uma corrente elétrica responsável pelo campo magnético. Mudanças de longo período no movimento complexo do magma explicam as variações nas características do campo geomagnético.

O campo magnético na vizinhança da Terra afeta o movimento das partículas carregadas emitidas pelo Sol (principalmente prótons e elétrons), que constituem o chamado

*A ideia é baseada no princípio de que um disco condutor elétrico girando em um campo magnético gera uma diferença de potencial entre o seu centro e a sua borda e é, portanto, um gerador, ou um dínamo. Se a corrente produzida por esse dínamo de alguma forma reforçar esse campo magnético, teremos um dínamo autoexcitado.

"vento solar". A influência do campo tem o efeito de capturar essas partículas, criando nuvens carregadas a milhares de quilômetros da Terra, conhecidas como cinturões de Van Allen. As explosões solares ("flares") emitem grandes ondas de partículas que atingem a Terra depois de viajar por cerca de dois dias. Quando atingem a atmosfera superior, produzem um fenômeno chamado de tempestade magnética, no qual o campo magnético medido na superfície da Terra é modificado e pode levar à interrupção das comunicações em ondas curtas.

As espetaculares imagens da *aurora borealis* (aurora boreal), ou luzes do norte, foram pela primeira vez atribuídas ao campo magnético da Terra por Edmund Halley, no século XVII;[10] hoje é sabido que as luzes surgem do efeito das partículas do vento solar capturadas pelo campo à medida que atingem as camadas mais externas da atmosfera. O mesmo fenômeno ocorre nas latitudes extremas do sul e recebe o nome de *aurora australis* (aurora austral), ou luzes do sul.

A Lua é também um ímã, mas muito mais fraco do que a Terra. A medida da sua força, o chamado momento magnético, é cem milhões de vezes menor do que o do nosso planeta. O pequeno campo magnético resulta apenas do magnetismo remanente das rochas;[11] não existe mecanismo ativo de dínamo em nosso satélite. Júpiter e Saturno, por outro lado, têm fortes propriedades magnéticas, associadas com o efeito dínamo; Júpiter tem um momento magnético dez mil vezes maior do que o da Terra.

Urano e Netuno têm propriedades magnéticas incomuns. Ambos apresentam momentos magnéticos inclinados por ângulos grandes (cerca de 50°) em relação aos eixos de rotação. A fonte do magnetismo desses planetas não parece estar próxima ao centro dos astros.

Muitos outros corpos celestes são magneticamente ativos; o mais importante exemplo para nós é o do Sol, cujo campo se estende no espaço por distâncias imensas, alcançando a órbita da Terra, com um valor, a essa distância, 10 mil vezes menor do que o campo máximo devido ao nosso planeta.

Os campos magnéticos têm um papel muito importante nos fenômenos solares, sendo o mais impressionante dentre eles o ciclo das manchas solares, regiões mais escuras que aparecem dessa forma porque têm temperaturas mais de dois mil graus abaixo daquelas da superfície visível do Sol. A invenção do telescópio conduziu à descoberta das manchas solares, reportada pela primeira vez em 1609 por Galileu e outros observadores. O farmacêutico e astrônomo amador alemão Samuel Heinrich Schwabe (1789-1875) publicou, em 1843, uma evidência da existência do ciclo de manchas solares:[12] a cada 11 anos, o número de manchas solares passa por um máximo e novamente decresce. Mais tarde foi estabelecido que a cada dois ciclos de 11 anos os polos norte e sul do Sol mudam de polaridade.

O magnetismo global do Sol origina-se essencialmente do mesmo mecanismo de dínamo que é ativo na Terra, com a complexidade adicional introduzida pelo fato de que os gases ionizados (eletricamente carregados) no Sol são condutores de eletricidade. As manchas solares exibem campos magnéticos milhares de vezes mais intensos do que aqueles observados na superfície da Terra.

Os campos magnéticos nas estrelas podem ser detectados por meio de seus efeitos sobre a luz e as ondas de rádio emitidas; isso também permite estimar as intensidades dos campos. Algumas estrelas são conhecidas por serem objetos relativamente pequenos, com um raio de cerca de 10 km; essas são as estrelas de nêutrons, de matéria ultradensa, formada praticamente por nêutrons. Esses estranhos corpos têm campos magnéticos muito elevados, da ordem de 10^{10} teslas, ou cem trilhões de vezes (10^{14} vezes) maiores do que os campos da Terra. Algumas estrelas de nêutrons têm um campo magnético ainda maior, o maior campo encontrado em qualquer lugar do universo, com uma intensidade mil trilhões de vezes (10^{15} vezes) maior do que o campo da Terra. Tal classe de estrelas é chamada de "repetidoras de gamas moles" (SGR, de *soft gamma repeaters*), ou magnetars, e foram observadas pela primeira vez em 1979, quando uma delas produziu um pulso ultraintenso de raios X, tão forte que nos primeiros dois décimos de segundo emitiu mais energia do que o Sol irradia em mil anos.

A presença de campos magnéticos também foi detectada em galáxias distantes e mesmo no espaço intergaláctico. Os campos nas galáxias espirais tendem a ser mais intensos entre os braços da espiral e paralelos a eles, com uma intensidade baixa, aproximadamente 100 mil vezes inferior aos campos na superfície da Terra. Sua origem não é completamente entendida; provavelmente são causados pela amplificação de campos originais que surgiram nos primeiros momentos após o Big Bang. A amplificação poderia resultar de um mecanismo de dínamo, como o que age no núcleo da Terra. Alguns autores acreditam que a presença desses campos originais foi importante para dar a forma assumida pelas galáxias.[13]

Elétrons e núcleos de alta energia — os raios cósmicos — atingem regularmente a atmosfera superior da Terra. Essas partículas, com velocidades próximas à da luz, colidem com núcleos na atmosfera e produzem chuvas de partículas secundárias (chamadas de "chuveiros"), que podem ser detectadas no nível do mar. A aceleração dos raios cósmicos de energia ultra-alta, um dos segredos mais profundos da natureza, poderia ser explicada pela ação de campos magnéticos fora da nossa galáxia.[14]

Das imensas galáxias até a menor pedra-ímã, as propriedades magnéticas variam enormemente em escala; no entanto, sempre derivam ou dos momentos intrínsecos ou do movimento de partículas carregadas eletricamente.

ÍMÃS VIVOS

A notável capacidade que alguns pássaros exibem de encontrar seu caminho, seja migrando ou retornando para o seu abrigo quando soltos a uma grande distância, é conhecida há um longo tempo. Antes de nossa era, os pombos já eram usados por Júlio César (*c.* 100-44 a.C.) para enviar a Roma as notícias da conquista da Gália. Genghis Khan (*c.* 1160-1227), no século XIII, também empregava pombos como mensageiros à medida que seu exército progredia através da Europa Oriental. O mais antigo caso bem documentado do uso de pombos foi um período de seis meses durante o cerco de Paris, na Guerra Franco-Prussiana de 1870-1871.[15] Os pássaros eram levados para fora de Paris em balões e as mensagens, reduzidas fotograficamente; um pássaro carregava mais de 40 mil mensagens. O uso de pombos continuou durante o século XX, inclusive nas Guerras Mundiais.

No século XIX, pesquisadores começaram o estudo científico de aves migratórias e de pombos-correio, tentando determinar se a capacidade desses pássaros de navegar sobre terreno desconhecido tinha relação com o uso de alguma bússola magnética interna.[16]

Os organismos vivos, desde seu surgimento em nosso planeta, há cerca de quatro bilhões de anos, existiram em condições ambientais que incluem o campo geomagnético. Embora tenha mudado tanto em intensidade como em direção numa escala de tempo tão estendida, esse campo pode ter desempenhado um papel na preservação da vida na Terra. Isso porque as partículas carregadas do vento solar tendem a ser capturadas no campo geomagnético no espaço, que, portanto, reduz a sua incidência sobre a superfície do planeta. A redução provavelmente contribuiu para a sobrevivência dos primeiros organismos vivos.

A partir do século XIX, os pesquisadores tentaram determinar o efeito dos campos magnéticos sobre os seres vivos. Um dos primeiros desses estudos foi feito[17] no laboratório do inventor americano Thomas Edison (1847-1931), em 1892: o maior eletroímã existente na época foi usado para aplicar um campo de 0,15 T a um menino e a um cachorro, sem efeito aparente.*

Outra linha de pesquisa tem sido a tentativa de encontrar a influência que o campo magnético da Terra pode ter no comportamento de seres vivos. Estará a capacidade dos pássaros de viajar por milhares de quilômetros de algum modo relacionada com o campo geomagnético? Eles têm algum tipo de bússola magnética interna? Por meio de experimentos feitos com campos magnéticos aplicados, dados sobre orientação magnética, obtidos especialmente a partir da década de 1960, mostraram que muitas criaturas vivas, tanto invertebrados como vertebrados, têm esse tipo de capacidade; entre os

*O estudo concluiu que "os ímãs comuns usados em medicina têm um efeito apenas sugestivo ou psíquico e provavelmente seriam igualmente úteis se fossem feitos de madeira".

últimos estão peixes, anfíbios, répteis, pássaros e mamíferos. Pesquisas com seres humanos encontraram uma resposta marginal à influência dos campos magnéticos ambientais, e os resultados são controvertidos.[18]

Muitos estudos demonstraram que os pombos podem encontrar o caminho usando indicações visuais, como a posição do Sol, assim como informações do campo geomagnético. Com o sol encoberto, a importância da informação magnética torna-se fundamental para a orientação. Experimentos mostraram que a capacidade de navegação dos pássaros pode ser prejudicada por aumentos na atividade magnética da atmosfera, como ocorre durante as tempestades magnéticas solares. Além disso, demonstrou-se que pombos com ímãs presos ao corpo podem ter dificuldades no voo de volta ao pombal.

Para conseguir seus feitos de navegação, os pombos necessitam definir sua posição (sentido de mapa) e sua direção, isto é, precisam do que se poderia chamar de sentido de bússola. Os resultados das pesquisas apontam para o uso da informação de bússola magnética pelos pássaros. Entretanto, a relevância dos fatores magnéticos para a construção dos mapas, que faz uso das variações na inclinação em função da latitude e das variações de intensidade do campo magnético, não está tão bem estabelecida.[19]

Nos vertebrados, dois mecanismos de orientação parecem atuar: em pássaros e tartarugas-do-mar, a inclinação do campo magnético é usada para definir uma direção "para o polo" (indiferentemente de qual polo, norte ou sul) como a direção ao longo da qual o ângulo entre a linha vertical e a direção do campo é menor. Por outro lado, em salmões e ratos-toupeira, a bússola interna distingue norte do sul, e a navegação usa este conhecimento.[20]

As abelhas usam a informação magnética nas excursões em busca de alimentos e também a empregam para alinhar as colmeias. O comportamento de outros animais, como as enguias e os tritões, também mostra evidência de orientação magnética.

Entre os seres vivos que exibem orientação magnética, os mais simples são as bactérias. Essa propriedade foi descoberta em 1975, por acidente,[21] por R. P. Blakemore, então um estudante de pós-graduação de microbiologia da Universidade de Massachusetts, Estados Unidos. Para essas bactérias, batizadas *Magnetospirillum magnetotacticum*, o organismo vivo tem um papel passivo, no sentido de que o campo geomagnético os orienta de modo que o movimento dos flagelos das bactérias, estruturas como cabelos que funcionam como hélices, as conduzem através das linhas de campo. Essas são chamadas de bactérias "magnetotáticas", da raiz *tactica*, isto é, dirigida ou orientada por algum agente. Como na maioria das regiões do planeta as linhas de campo apontam para cima ou para baixo, o alinhamento ao longo do campo permite às bactérias evitar o meio rico em oxigênio próximo à superfície dos lagos ou corpos aquíferos, buscando alimentos na região do fundo. Confirmando essa hipótese, observa-se que as bactérias magnéticas nos hemisférios sul e norte têm polaridades opostas.

A descoberta de magnetita nessas bactérias, que têm a forma de cadeias de grãos de um décimo milésimo de milímetro de diâmetro, estimulou a busca de substâncias magnéticas, ou "bússolas", no tecido de diferentes animais. Muitos exemplos de substâncias magnéticas foram encontrados desde então em criaturas vivas, tais como abelhas, pombos, tartarugas e salmões. Em praticamente todos os casos, a substância magnética é formada de grãos muito pequenos de magnetita sintetizada nos organismos por meio de um processo conhecido como biomineralização. O mecanismo pelo qual a interação do campo magnético com a magnetita alcança o sistema nervoso dos organismos, afetando seu comportamento, ainda não é compreendido.

RESSONÂNCIA MAGNÉTICA: SPINS DANÇARINOS

Vimos que, do mesmo modo que um elétron tem magnetismo, núcleos atômicos também têm um "momento magnético", embora muito menor do que os dos elétrons. Como esse magnetismo nuclear é muito mais fraco do que o magnetismo normal da matéria, seus efeitos não são facilmente percebidos. O papel dos núcleos no magnetismo da matéria é tão pequeno que apenas técnicas experimentais refinadas desenvolvidas em meados do século XX permitiram a detecção e a análise da sua contribuição. O fenômeno que mais facilmente demonstra a presença do magnetismo nuclear é a ressonância magnética nuclear (RMN), que constitui a base física da técnica de imageamento por ressonância magnética (IMR).

Os núcleos atômicos, na presença de um campo magnético, giram em torno da direção do campo como um pião, com uma frequência de rotação, ou precessão, característica do tipo de núcleo e proporcional à intensidade do campo magnético. Se uma onda de rádio da mesma frequência atingir um conjunto de núcleos precedentes, ela será absorvida. Esse fenômeno é ressonante, o que quer dizer que a absorção só ocorre se a frequência da onda for a mesma que a de rotação dos núcleos. Portanto, variando a frequência da onda e registrando a variação na sua taxa de absorção, um pesquisador pode determinar com grande precisão a frequência de precessão.

No verão de 1940, uma missão britânica liderada por sir Henry Tizard (1885-1959), do Comitê Científico Consultivo do Governo Britânico, visitou os Estados Unidos para discutir as formas de unir os recursos científicos dos dois países contra as forças alemãs, nos primeiros dias da Segunda Guerra Mundial. Eles levavam um novo dispositivo para a produção de ondas de rádio, o "magnetron", que fora desenvolvido no ano anterior na Universidade de Birmingham. No magnetron, um ímã permanente fazia os elétrons se moverem em órbitas circulares, nas quais emitiam ondas eletromagnéticas (micro-ondas) de muito maior potência do que as fontes de rádio empregadas anteriormente. O magnetron foi vital para o desenvolvimento do radar, uma técnica que ajudou os aliados a vencer a guerra. Por essa razão, o magnetron foi louvado nos Estados Unidos como "a carga mais valiosa já desembarcada em nossa costa".[22]

Um dos frutos, no pós-guerra, da invenção do magnetron e dos desenvolvimentos técnicos associados com a tecnologia do radar foi o projeto do forno de micro-ondas; esse eletrodoméstico é o uso mais comum do magnetron. Outra importante consequência foi a descoberta da ressonância magnética nuclear.*

As primeiras tentativas de observar a ressonância magnética nuclear foram feitas[23] pelo físico holandês Jacobus Gorter (1907-1980) em Leiden, em 1932. Ele tentava então detectar a

*O fenômeno da ressonância magnética foi sugerido pela primeira vez pelo físico russo J. Dorfman, em 1923 (J. Dorfman, *Einige Bemerkungen zur Kenntnis des Mechanismus Magnetischer Ercheinungen*, Zeitschrift für Physik, v. 17, 1923, p. 98-111).

ressonância por meio do aumento de temperatura de amostras que absorviam as ondas de rádio, mas a sensibilidade do seu experimento não era suficiente para permitir um resultado positivo. Um segundo experimento foi feito em 1942 por L. J. F. Broer usando uma técnica diferente, mas também fracassou, paradoxalmente devido a uma dificuldade experimental associada ao fato de que as amostras usadas eram puras demais.

Em 1938, o físico americano Isidor Isaac Rabi (1898-1988), da Universidade Columbia, publicou com colaboradores um relato do efeito de ressonância magnética nuclear usando um feixe de moléculas de cloreto de lítio deslocando-se no vácuo.[24] O primeiro pesquisador a relatar a observação experimental da ressonância magnética em uma fase condensada, nesse caso não uma ressonância de núcleos, mas de elétrons em um sal de cromo, foi Evgeny K. Zavoisky (1907-1976), da Universidade Estatal de Kazan, na Rússia, em 1944.[25]

A observação confirmada de ressonância magnética nuclear em sólidos ou líquidos foi relatada apenas em 1946, por dois grupos americanos trabalhando independentemente:[26] Edward Mills Purcell (1912-1997), Henry C. Torrey e Robert V. Pound (1919-), no MIT (Instituto de Tecnologia de Massachusetts); e Felix Bloch (1905-1983), William W. Hansen (1909-1949) e Martin Packard, na Universidade Stanford.

A ressonância magnética nuclear (RMN) tem sido aplicada há várias décadas como uma poderosa ferramenta analítica em estudos de química; seu uso resulta essencialmente do fato de que os núcleos dos átomos ressoam ou realizam um movimento de precessão com frequências ligeiramente diferentes, dependendo da vizinhança química. Embora a maioria dos núcleos dos vários elementos tenha momentos nucleares e, portanto, possa ser usada em experimentos de ressonância nuclear, a maioria dos estudos de química com RMN é feita com núcleos de hidrogênio, e uma proporção menor com o isótopo do carbono de massa 13. Os espectros de RMN de moléculas dão informação sobre o número e a localização dos átomos de hidrogênio. A moderna técnica chamada de RMN de estado sólido tem sido aplicada a estudos da dinâmica, estrutura e morfologia de novos materiais, como polímeros, proteínas, vidros, cerâmicas e cristais líquidos.

Em sólidos magneticamente ordenados, por exemplo em ímãs, a técnica de RMN tem sido aplicada no estudo de estruturas, usando a influência sobre a ressonância exercida por impurezas, defeitos estruturais e mudanças na ordem magnética. O espectro de RMN permite, portanto, amostrar a vizinhança imediata do núcleo ressonante. Nesses sólidos ordenados, os momentos dos elétrons geram grandes campos magnéticos no núcleo e, portanto, a ressonância magnética nuclear pode ser observada sem a necessidade de aplicação de campos magnéticos externos.

Na década de 1970, o poder da RMN como uma técnica para a produção de imagens foi desenvolvido, começando com o trabalho do químico americano Paul C. Lauterbur (1928-), na ocasião na Universidade Estadual de Nova York,[27] o qual publicou a imagem da seção de dois tubos contendo água. Esse resultado, depois de muitos avanços feitos em diferentes laboratórios de pesquisa, especialmente por Peter Mansfield (1933-) na Universidade de Nottingham, na Inglaterra, conduziu a essa notável ferramenta de diagnóstico, hoje conhecida como imageamento por ressonância magnética (IMR). O IMR é baseado no fato de que, em princípio, a intensidade do sinal de ressonância nuclear é proporcional ao número de núcleos ressonantes presentes em cada região da amostra. Aplicando um campo magnético que varia de ponto a ponto, obtêm-se sinais que se originam de cada pequeno elemento de volume da amostra. Por meio da exibição em uma tela da intensidade do sinal de ressonância em cada um desses volumes da amostra, pode-se produzir uma imagem de RMN. Diferentes imagens são obtidas para cada plano de interesse que intersecta a amostra.

No uso mais comum do IMR, os núcleos ressonantes são prótons, que são os núcleos dos átomos de hidrogênio; a intensidade do sinal de cada região, portanto, mede o número de núcleos de hidrogênio. Nos usos médicos do IMR, a técnica é aplicada ao corpo humano, e a intensidade do sinal mostra a porcentagem de água (onde está localizada a maioria dos átomos de hidrogênio) nos tecidos humanos macios, sob a forma de uma imagem de computador.

A imagem de ressonância magnética também é sensível à informação de evolução no tempo. Por exemplo, depois da aplicação de pulsos curtos de ondas de rádio, o tempo que decorre até desaparecerem os sinais de ressonância também pode ser registrado, e esse pode variar de um tipo de tecido para outro. Isso permite uma diferenciação, por exemplo, dos tecidos do cérebro, no qual os tempos de decaimento são diferentes na massa branca, na massa cinzenta e no fluido cerebroespinhal.[28] A evolução do sinal de ressonância magnética também é sensível ao movimento dos núcleos ressonantes e, portanto, a técnica pode ser empregada para detectar, por exemplo, o fluxo sanguíneo.

O IRM é menos invasivo do que a tomografia por raios X, pois suas ondas não têm os mesmos riscos para a saúde associados a esses raios. A necessidade de aplicação de um campo magnético intenso, no entanto, torna o seu uso perigoso para os pacientes com marcapassos e próteses metálicas. Até hoje, mais de cem milhões de diagnósticos com IRM foram feitos, e não existem evidências de efeitos nocivos dos campos magnéticos mais elevados, na faixa de 3-4 T.[29]

A possibilidade de obter imagens dos órgãos do corpo humano pode ser combinada com a capacidade de fornecer informações químicas do tipo proporcionado pela RMN convencional, numa variante da técnica chamada de IMR funcional. Essa permite a visualização da atividade dos diferentes tecidos por meio de mudanças na composição química ou no fluxo de sangue. Por exemplo, depois de injetar na corrente sanguínea uma substância contendo átomos de gadolínio (o "meio de contraste"), os momentos magnéticos do gadolínio afetam a frequência de ressonância dos prótons e, consequentemente, os prótons na vizinhança ficam "fora de sintonia". O efeito fará o tecido destacar-se na imagem de ressonância magnética, enfatizando as áreas em que o fluxo de sangue aumentou. No caso do cérebro, mudanças na atividade neuronal estão associadas a alterações no fluxo de sangue, e esse efeito fornece um mecanismo para mapear as áreas do cérebro mais ativas em dada situação. E mais, mesmo sem a introdução de contraste, as regiões irrigadas com sangue com diferentes graus de oxigenação vão diferir em brilho, pois as propriedades magnéticas das moléculas de hemoglobina (responsáveis pelo transporte de oxigênio no sangue) são modificadas pela oxigenação.[30]

Outro promissor campo de investigação empregando RMN é o da informação e computação quânticas.[31] A possibilidade oferecida pela ressonância nuclear de mudar a orientação dos momentos magnéticos nucleares em um campo magnético sugeriu que a RMN poderia ser usada para computação. Um conjunto de núcleos com "spin para cima" ou "spin para baixo" pode representar dados sob a forma de um número binário, e como os pulsos de ondas de rádio são capazes de mudar a orientação dos spins podem, portanto, mudar os bits e, assim, realizar operações matemáticas com esses dados.

Um computador digital faz cálculos usando circuitos eletrônicos chamados de portas lógicas, capazes de aplicar operações elementares aos dados binários. Por exemplo, uma dessas portas dá uma saída "0" se existir uma entrada "1" e vice-versa: essa é uma porta NÃO. Outra porta dá um "1", ou sim, se existe um "1" em qualquer uma dentre duas entradas — essa é uma porta OU. As entradas em um computador digital são voltagens elétricas: uma voltagem "ligada" corresponde ao dígito "1" e "0", no caso oposto. Combinando diferentes tipos de portas lógicas, qualquer operação aritmética ou lógica pode ser feita.

Um computador quântico empregando a RMN, por outro lado, também exige várias portas diferentes, as quais, nesse caso, não são circuitos eletrônicos que respondem a valores da voltagem elétrica, mas sim combinações de pulsos de ondas de rádio e certos estados dos spins nucleares. Por exemplo, uma porta NÃO é feita aplicando-se uma certa sequência de pulsos a um conjunto de spins nucleares que foi posto em um estado preestabelecido. Uma grande vantagem é que o caráter quântico dos núcleos individuais naturalmente permite a superposição coerente de estados (ver Capítulo 5) e, portanto, os bits quânticos, ou "q-bits", podem guardar mais informação do que os bits ordinários. Os procedimentos matemáticos, ou algoritmos, quânticos beneficiam-se das leis quânticas, permitindo o processamento simultâneo de uma superposição de estados, em uma forma naturalmente paralela. Usando o exemplo dado no Capítulo 5, isso é equivalente a jogar uma moeda e examinar com um único experimento seus dois lados, o que seria útil para se distinguir entre uma moeda verdadeira e uma falsa (uma com duas caras, por exemplo).

Outra aplicação foi demonstrada em 1998, com um computador quântico de dois bits empregando a RMN de uma solução de moléculas de clorofórmio ($CHCl_3$). O computador conduziu com sucesso uma busca em uma série de objetos, encontrando o desejado — nesse exemplo, um núcleo em um estado preestabelecido. Esse tipo de busca, em princípio, pode ser completado em um tempo muito curto, graças às propriedades dos quanta.

A técnica de RMN também foi empregada em uma nova aplicação da computação quântica, a divisão de um número em um produto de números primos (fatoração).[32] A fatoração, assim como outras operações matemáticas, pode ser feita muito mais rapidamente do que por meio da forma clássica de computação, pois, em princípio, o poder do computador quântico aumenta como o número dois na potência do número de q-bits, enquanto o desempenho de um computador clássico é simplesmente proporcional ao número de bits. Isso tem consequências práticas muito importantes, pois a segurança da transmissão de dados depende de criptografar a informação, o que hoje é feito principalmente usando o código RSA (Rivest-Shamir-Adleman), baseado na dificuldade de fatorar grandes números em seus fatores primos. Esse processo é extremamente demorado quando feito empregando os meios normais: o maior computador existente hoje precisaria de bilhões de anos para fatorar um número com uma extensão de 400 dígitos, uma tarefa que um computador quântico poderia completar em cerca de um ano.[33] A promessa dos computadores quânticos é tão grande que o emprego de um computador desse tipo, com seu poder de fatorar grandes números, resultaria imediatamente na vulnerabilidade total de todos os sistemas criptográficos em uso.

Este capítulo se iniciou com a discussão da notável afirmação de que a Terra e muitos outros corpos celestes são imensos ímãs. Como prova da extraordinária amplitude dos fenômenos magnéticos observados ao se estudar os fatos da natureza em escalas totalmente diferentes, o capítulo termina com a menção ao sonho dos computadores quânticos, máquinas que algum dia talvez possam ser construídas tem por base o magnetismo dos núcleos atômicos.

Leituras adicionais

E. V. Mielczarek e S. B. McGrayne, *Iron, Nature's Universal Element*, Rutgers University Press, New Brunswick, 2000.

M. E. Smith e J. H. Strange, *NMR Techniques in Materials Physics*, Measurement Science and Technology, v. 7, 1996, p. 449-475 (mais técnico).

R. T. Merrill, M. W. McElhinny e P. L. McFadden, *The Magnetic Field of the Earth*, Academic Press, San Diego, 1998.

R. Wiltschko e W. Wiltschko, *Magnetic Orientation in Animals*, Springer-Verlag, Berlim, 1995

Notas

1. E. W. Cliver, *Solar Activity and Geomagnetic Storms: the First 40 Years*, publicado originalmente em *Eos, Transactions of American Geophysical Union*, v. 75, nº 49, 6 de dezembro de 1994, p. 569.
2. R. T. Merrill, M. W. McElhinny e P. L. McFadden, *The Magnetic Field of the Earth*, Academic Press, San Diego, 1998, p. 7.
3. *Idem, ibidem.*
4. Silvio A. Bedini (org.), "Compass", *in The Christopher Columbus Encyclopedia*, v. 1, Simon & Schuster, Nova York, 1992, p. 207.
5. Luís de Albuquerque, "Contribuição das navegações do século XVI para o conhecimento do magnetismo terrestre", *in Estudos de história da ciência náutica,* Ministério do Planejamento e da Administração do Território, 1994, Lisboa, p. 249-267.
6. David R. Barraclough, "Geomagnetism: Historical Introduction", *in The Encyclopedia of Solid Earth Geophysics*, David E. James (org.), Van Nostrand Reinhold, Nova York, 1989, p. 584-592.
7. R. T. Merrill, M. W. McElhinny e P. L. McFadden, *op. cit.*, p. 7.
8. Alexander von Humboldt, citado por Sydney Chapman e Julius Bartels, *Geomagnetism*, Oxford University Press, Oxford, 1951, p. 913.
9. J. L. Kirschvink, B. S. Jones e B. J. MacFadden, *Magnetite Biomineralization and Magnetoreception in Organisms*, Plenum Press, Nova York, 1985, p. 49.
10. A. Wolf, *History of Science, Technology and Philosophy in the 16th and 17th Century*, v. 1, 2ª edição, George Allen & Unwin, Londres, 1962, p. 302.
11. R. T. Merrill, M. W. McElhinny e P. L. McFadden, *op. cit.*, p. 394.
12. D. P. Stern, "A Millenium of Geomagnetism", Reviews of Geophysics, 40, nº 3, 1-30, 2002, p. 13.
13. L. W. Widrow, "Origin of Galactic and Extragalactic Magnetic Fields", em *arXiv astro-phi/0207240v1*, 11 de julho de 2002.
14. *Idem, ibidem.*
15. David L. Woods, *A History of Tactical Communication Techniques*, Orlando, Martin-Marietta Corp., 1965, p. 63.

16. R. Wiltschko e W. Wiltschko, *Magnetic Orientation in Animals*, Springer-Verlag, Berlim, 1995, p. 255.
17. F. Peterson e A. E. Kennely, *Some Physiological Experiments with Magnets at the Edison Laboratory*, NY *Medical Journal* 56, 1892, 729, citado por John F. Schenk, *Safety of Strong, Static Magnetic Fields*, J. Mag. Res. Imaging 12, 2000, 2, p. 5.
18. R. Wiltschko e W. Wiltschko, *op. cit.*, p. 71.
19. R. Wiltschko e W. Wiltschko, *op. cit.*, p. 170.
20. Kenneth J. Lohmann e Sönke Johnsen, *The Neurobiology of Magnetoreception in Vertebrate Animals*, Trends in Neuroscience, v. 23, nº 4, 200, p. 1.542-1.548.
21. E. V. Mielczarek e S. B. McGrayne, *Iron, Nature's Universal Element*, Rutgers University Press, New Brunswick, 2000, p. 49.
22. James Phinney Baxter, *Scientists Against Time*, citado por Ronald W. Clark, *Tizard*, MIT Press, Cambridge, 1965, p. 268.
23. C. J. Gorter, "Bad Luck in Attempts to Make Scientific Discoveries", *Physics Today*, Janeiro de 1967, p. 76-81.
24. John S. Rigden, "The Birth of the Magnetic-Resonance Method", *in Observation, Experiment, and Hypothesis in Modern Physical Science*, Peter Achinstein e Owen Hannaway (orgs.), MIT Press, Cambridge, 1985, p. 231.
25. S. V. Vonsovskii, *Magnetism*, v. 1, John Wiley, Nova York, 1974, p. 10.
26. R. V. Pound, "From Radar to Nuclear Magnetic Resonance", *Reviews of Modern Physics*, v. 71, 1999, S54.
27. Manuel R. Mourino, "From Thales to Lauterbur, or From the Lodestone to MR Imaging: Magnetism and Medicine", *Radiology*, 180, 1991 p. 611.
28. Jerrold T. Bushberg, J. Anthony Seibert, Edwin M. Leidholdt, Jr. e John M. Boone, *The Essential Physics of Medical Imaging*, Williams & Wilkins, Baltimore, 1994, p. 312.
29. John F. Schenk, "Safety of Strong, Static Magnetic Fields", *Journal of Magnetic Resonance Imaging*, v. 12, 2000, p. 2
30. Marcus E. Raichle, "Visualizing the Mind", *Scientific American*, v. 270, abril de 1994, p. 41.

31. J. A. Jones, NMR Quantum Computation, *Progress in Nuclear Magnetic Resonance Spectroscopy*, v. 38, 2001, p. 325-360.
32. L. M. K. Vandersypen, M. Steffen, G. Breyta, C. S. Yannoni, M. H. Sherwood e I. L. Chuang, "Experimental Realization of Schor's Quantum Factoring Algorithm Using Nuclear Magnetic Resonance", *Nature*, v. 414, 2001, p. 883-887.
33. Neil Gershenfeld e Isaac L. Chuang, "Quantum Computing with Molecules", *Scientific American*, junho de 1998, p. 50.

CAPÍTULO 7 Superímãs

> Apesar do nosso treinamento, raramente paramos para refletir sobre o fato de que as aplicações do magnetismo permeiam *toda a sociedade moderna* em sua base de energia elétrica, comunicações e armazenamento de informação.
>
> I. S. Jacobs, *Role of Magnetism in Technology*, 1969[1]

INTRODUÇÃO

O desenvolvimento de ligas e compostos com propriedades magnéticas favoráveis, iniciado no século XIX e finalmente atingindo uma firme base científica no século XX, é um exemplo moderno da antiquíssima procura por materiais úteis. Desde a pré-história, a relação da espécie humana com a matéria sob essas formas funcionais específicas começou com o uso dos materiais inicialmente disponíveis na natureza e gradualmente se deslocou para a variedade de materiais projetados pelo homem. O uso prático e o processamento dos materiais têm sido desde então uma medida do progresso.

À medida que a humanidade começou a testar diferentes materiais para criar objetos úteis, seguindo também rotinas práticas que garantiam a sobrevivência da espécie, a tecnologia nasceu. Isto ocorreu muito antes da aurora da ciência, caracterizada em suas primeiras formas pela sistematização do conhecimento e posteriormente pela formulação de hipóteses, seguidas por seu teste ativo.

Em 1836, o arqueólogo dinamarquês Christian Jürgensen Thomsen (1788-1865) propôs o sistema de Três Idades para a classificação dos principais períodos da civilização humana: Idade da Pedra, do Bronze e do Ferro. Embora a época de ocorrência desses períodos varie em cada região, esse sistema foi universalmente adotado e reflete a importância fundamental dos materiais, especialmente na fabricação de ferramentas e implementos. Dos grandes períodos, a Idade da Pedra foi o mais longo, durando aproximadamente 2,5 milhões de anos. A Idade do Bronze durou dois mil anos. A Idade do Ferro começou há cerca de 3,5 milhares de anos e ainda se estende até a época presente, embora frequentemente se refira à Idade do Silício, assim chamada devido ao papel, na vida moderna, da eletrônica baseada em chips de silício.

OS MATERIAIS E A CONQUISTA DA NATUREZA

Os primeiros hominídeos provavelmente empregavam galhos e pedras como ferramentas, como o fazem alguns primatas modernos: inicialmente, eles eram usados quando necessários e depois descartados. É provável que após algum tempo pedaços de madeira ou pedra tenham passado a ser usados de forma mais permanente como implementos, para cavar raízes ou como armas para caçar animais. As mais antigas ferramentas feitas pelo homem, de cerca de dois milhões de anos atrás,[2] são machados de mão (sem cabo), usados para cortar, raspar e escavar, fabricados tirando-se lascas de pedaços de sílex ou outra pedra de grão fino. A pedra é, portanto, o primeiro material natural do qual temos evidência da adaptação com finalidade prática por humanos.

Na Antiga Idade da Pedra, ou período Paleolítico, os moradores das cavernas descobriram os pigmentos e os empregavam, especialmente o óxido de ferro, misturados com gordura ou água para criar nas cavernas as impressionantes pinturas preservadas na Espanha, na França e em partes da África. Essas imagens, representando diferentes animais, alguns dos quais extintos, e mais raramente pessoas, foram feitas entre 35 mil e 10 mil atrás.

Com o advento da Nova Idade da Pedra, ou período Neolítico, a partir do nono e oitavo milênios a.C., mudanças rápidas na vida das comunidades, como a introdução da agricultura e a domesticação dos animais, exigiram o uso de novos materiais para a construção de habitações mais permanentes e para os implementos empregados nas atividades agrícolas. Com o início da agricultura, eram necessários recipientes para estocar grãos e para cozinhar, o que estimulou a produção dos primeiros vasos de argila não cozidos.[3] Com o fim da vida nômade, as mudanças no modo de vida expandiram o uso da cerâmica, pois sua fragilidade passou a ser um aspecto menos relevante.[4] A cerâmica era tratada em fogueiras ou fornos;[5] foi gradualmente aperfeiçoada, provavelmente por meio da experimentação. O cozimento da argila é notável como o primeiro caso de uma operação intencional dos seres humanos que modifica as propriedades físicas de um material inorgânico.* A alta temperatura usada para cozer a cerâmica induz uma transformação parcial em vidro, ou vitrificação, que une os grãos da argila e tem como consequências a rigidez e a impermeabilidade.

A cerâmica também é importante pelo fato de sua decoração ter dado lugar à técnica de vitrificação, que provavelmente conduziu à descoberta do vidro, um novo e importante material. A busca por novas cores provavelmente abriu o caminho, por meio de tentativa e erro com diferentes minerais, para a descoberta, em algum momento no fim do quinto milênio a.C., da extração de metais dos minérios. O cozimento da cerâmica em estufas forneceu os primitivos conhecimentos técnicos necessários para a fundição de metais a partir dos minérios correspondentes, que permitiria o subsequente desenvolvimento da metalurgia.

Os primeiros metais usados pela espécie humana foram a prata e o ouro nativos, isto é, que ocorriam naturalmente, e mais tarde o cobre nativo e o ferro de meteoritos. O cobre era o mais abundante metal nativo.[6] O ferro inicialmente era extraído de meteoritos, uma fonte rara do metal, na qual normalmente é encontrado em liga com uma pequena proporção de níquel. A relevância dessa fonte primitiva de ferro é evidente no nome do metal[7] que era dado pelos sumérios, "metal do céu", e, pelos egípcios, "cobre negro do céu".

*De acordo com Kranzberg e Smith (Melvin Kranzberg e Cyril S. Smith, "Materials in History and Society", *Materials Science and Engineering*, 37, 1979, p. 1-39, a primeira atividade humana com a função de transformar os materiais para servir às necessidades humanas talvez tenha sido o cozimento, que também conduziu aos primeiros desenvolvimentos de materiais para panelas e vasilhas. Nesta seção usamos extensivamente essa referência, assim como S. L. Sass, *The Substance of Civilization: Materials and Human History from the Stone Age to the Age of Silicon*, Arcade Publishing, Nova York, 1998.

O cobre é mais comumente encontrado na natureza sob a forma de óxido (combinado com oxigênio) ou sulfeto (composto com enxofre). O óxido de cobre pode ser facilmente transformado no cobre metálico (em um processo chamado de "redução") aquecendo-o a 1.100°C, em presença de carvão vegetal ou na ausência de ar. O metal obtido dos minérios era usado para fazer ferramentas a partir de cerca de 4000 a.C., substituindo os utensílios de pedra. O nome cobre origina-se de *cuprum*, ou "metal de Chipre", denominação dada pelos romanos. Alguns minerais usados como fontes de cobre, como a enargita, têm cobre combinado com arsênio e, consequentemente, muitos artefatos de cobre do quarto e terceiro milênios a.C. são de fato constituídos de uma liga cobre-arsênio, com propriedades mecânicas superiores ao cobre puro forjado.[8]

O cobre (símbolo Cu) em liga com o estanho, na proporção em peso de 90-95% cobre, constitui o bronze, uma liga que gradualmente substituiu o cobre e o Cu-As (cobre-arsênio) como matéria-prima para ferramentas e armas. O bronze tem a vantagem de ter um ponto de fusão mais baixo do que o do cobre puro; outro benefício (não intencional) resultante do seu uso foi que os metalúrgicos primitivos ficaram livres dos riscos oriundos da toxicidade do arsênio.

O período conhecido como Idade do Bronze começou em torno de 3200 a.C. Considera-se que o período durou até cerca de 1200 a.C., quando na área do Mediterrâneo os objetos de ferro se tornaram mais comuns e a Idade do Ferro teve início. No entanto, o uso dos objetos de bronze declinou gradualmente, sem um fim definido.[9] Um fator importante que favoreceu a substituição do bronze pelo ferro foi o fato de esse ocorrer em muitos lugares, principalmente sob a forma de óxidos ou sulfetos.[10] A metalurgia do ferro foi introduzida pelos hititas, na Anatólia,[11] em meados do segundo milênio antes de nossa era. Os primeiros metalúrgicos não produziam ferro fundido, pois a temperatura de 1.500°C, ponto de fundição do ferro, é mais elevada do que aquelas atingidas nas forjas primitivas. Produziam, em vez disso, um material esponjoso resultante de seu aquecimento, contendo como impurezas óxido de ferro e silicato de ferro; as fases espúrias eram removidas martelando e reaquecendo, chegando ao ferro puro.

O ferro desempenhou um papel importante na origem dos povos do Mediterrâneo, pois a manufatura de armas de ferro proporcionou uma clara vantagem militar. Por exemplo, de acordo com a Bíblia, no reino de Saul, o primeiro rei de Israel, no século XI a.C., os judeus não tinham espadas de ferro, mas os filisteus já dominavam essa tecnologia.[12] Os filisteus, outro povo que disputava o controle da Palestina, provavelmente tinham aprendido a metalurgia do ferro na Anatólia. Sua subsequente superioridade técnica é um fator relevante para explicar por que os filisteus terminaram por derrotar e matar Saul e seus filhos em 1000 a.C.

Embora o ferro puro fosse inicialmente inferior ao bronze em suas propriedades mecânicas, se contiver carbono, o chamado ferro carburizado, torna-se muito mais forte do que aquele. Os primeiros ferreiros aprenderam empiricamente que aquecer o metal próximo a pedaços de carvão incandescente melhorava sua resistência. No entanto, a compreensão da relação entre o conteúdo de carbono e as propriedades físicas da liga só foi estabelecida muito mais tarde, na Era Moderna. Outro desenvolvimento técnico obtido pelos primeiros metalurgistas foi a descoberta de que um resfriamento rápido de pedaços de ferro na água, processo conhecido como têmpera, dá origem a um material mais duro. Isso já era conhecido nos séculos VII e VIII a.C., pois, por exemplo, na *Odisseia*, na descrição do gigante de um olho só, Polifemo, morto com um tronco de oliveira em chamas enfiado em seu olho, lê-se:[13]

> Assim como um ferreiro mergulha um machado ou machadinha na água fria para temperá-los — pois isso é o que dá a força ao ferro — e ele produz um silvo, assim como fez o olho do Cíclope em torno do galho da oliveira, e seus gritos horrorosos fizeram a caverna ressoar novamente.

Durante a Idade da Pedra, os materiais de construção incluíam sapê, galhos de árvore e couro de animais. Mais tarde, o uso de tijolos de barro foi profuso no Oriente Médio, iniciando-se no Egito, a partir do terceiro milênio a.C. a utilização em larga escala de alvenaria na construção de templos e monumentos. Na Grécia e em Roma foi desenvolvido o uso de pedra como um material nobre de construção. Os romanos contribuíram para o progresso dos materiais com a invenção do cimento hidráulico, um material de ligação à prova d'água empregado em edifícios, aquedutos e pontes. Era feito de uma mistura de cal e cinza vulcânica que endurecia com a adição da água. Os romanos também inventaram o concreto, misturando cimento e pedras. Suas grandes obras de engenharia, algumas das quais continuam de pé até hoje, como o Coliseu e o Panteon, em Roma, foram possíveis graças ao uso do concreto.

Os primeiros alquimistas, tais como Zózimo de Panópolis e Sinésio, ativos no Egito no século III da nossa era, descreveram vários equipamentos e procedimentos de química.[14] Em busca da transmutação dos metais comuns em ouro, os alquimistas alargaram as fronteiras do conhecimento dos materiais e refinaram muitas técnicas de química; isso é particularmente verdadeiro para a escola árabe, que floresceu nos séculos IX e X.[15]

Na Idade Média, o universo conhecido dos materiais foi resumido no *Diversarum Artium Schedula* (Tratado sobre diversas artes, 1123), pelo monge beneditino alemão e artesão que escreveu sob o pseudônimo de Teófilo. A obra continha a primeira descrição europeia das técnicas de fundir sinos de bronze.[16] No século XVI surgiu o *De la pirotechnia* (Sobre a pirotecnia), publicado em Veneza, em 1540, pelo metalurgista italiano Vannocio Biringuccio (1480-*c.* 1539), que tratava de técnicas metalúrgicas, fabricação de vidro e de pólvora. O estudioso alemão Georg Bauer (1494-1555), também conhecido pelo nome latino de Georgius Agricola, publicou *De re metallica* (Sobre os metais) em 1556. *De re metallica* continha variadas informações sobre minerais, mineração e fundição e representou um avanço importante na abordagem do tema.

Embora nos séculos subsequentes tenham ocorrido avanços técnicos significativos no uso e no processamento dos materiais, o desenvolvimento científico que marca a revolução do século XVII não teve praticamente impacto sobre a compreensão e o aperfeiçoamento dos materiais em uso. Isso é explicado pelo fato de que a complexidade dos problemas científicos a serem resolvidos na época, relacionados com a estrutura da matéria, em geral, e, em particular, com a estrutura dos materiais complexos, inibia qualquer progresso significativo na área.

No século XVIII, a descoberta da importância de pequenas quantidades de carbono no ferro para a preparação do aço abriu caminho para o controle fino das propriedades mecânicas desse material fundamental. A partir de meados do século XVIII, com a investigação das primeiras imagens do aço sob o microscópio, que inauguraram as técnicas da metalografia, a importância da estrutura no estudo dos materiais foi reconhecida, lado a lado com a relevância da composição química. Em geral, durante a Revolução Industrial, no século XVIII, na Inglaterra, os progressos na ciência e na tecnologia seguiram linhas paralelas, normalmente com poucas influências mútuas.

A partir do fim do século XIX, desenvolvimentos em metalurgia permitiram a preparação de diferentes ligas de ferro que vieram a satisfazer uma demanda crescente das novas indústrias, em particular a nascente indústria automobilística. Ao mesmo tempo, avanços em química orgânica criaram os primeiros corantes artificiais; novos progressos na primeira década do século XX conduziram à descoberta dos primeiros plásticos (1909) e, dez anos depois, das primeiras fibras sintéticas. Avanços adicionais em materiais sintéticos resultaram em uma explosão de novos produtos que mudaram completamente a vida dos consumidores do século XX. Por serem formados por moléculas grandes, os plásticos são comumente conhecidos como polímeros, do grego "com muitas partes". Os polímeros hoje, ao lado dos metais, dos semicondutores e das cerâmicas, constituem uma das maiores famílias de materiais úteis.

A técnica de estudo da estrutura da matéria, que emprega os raios X, introduzida nas primeiras décadas do século XX, permitiu grandes passos no conhecimento dos sólidos e, em consequência, uma melhor compreensão dos materiais com aplicações práticas. A estrutura dos materiais em escala atômica pôde, dessa forma, ser correlacionada com suas propriedades físicas.

O período neolítico marca uma virada na relação dos primeiros seres humanos com a natureza, pois a criação de animais e a plantação de vegetais representam uma ruptura, pelas populações de caçadores-coletores, da relação prioritariamente passiva com o mundo natural. Olhando a história da tecnologia de um ponto de vista geral, fica evidente que uma das maiores avenidas de progresso técnico, desde o neolítico, foi sempre o processo de aprender como usar os materiais, inicialmente aqueles encontrados naturalmente, modificados por meio da força muscular. Com o tempo, novos materiais foram criados e a energia foi obtida de outras fontes, tais como os rios, os ventos e os animais domesticados. Em cada caso de desenvolvimento tecnológico, os primeiros habitantes do planeta usavam materiais naturais, como pedras e minério de ferro, e forças naturais como o vento, a água ou a energia liberada pela queima da madeira. Controlar ou, mais apropriadamente, conquistar essas forças naturais foi o caminho seguido pelos seres humanos para desenvolver as bases materiais da civilização.

A metáfora da conquista — uma batalha na qual a natureza resistiria a entregar suas riquezas para o uso da civilização — foi frequentemente empregada na descrição das formas de superar os grandes obstáculos ao progresso humano. Essa ideia, muitas vezes associada ao papel da tecnologia na busca de uma utopia, foi desenvolvida primeiro no Renascimento[17] e encontrou sua expressão plena no século XVIII, nas obras de René Descartes (1596-1650) e Francis Bacon (1561-1626).

"Nosso objetivo principal",[18] escreveu Bacon em *Novum organum* (Novo instrumento, 1620), "é fazer a natureza servir aos propósitos e às conveniências do homem." No prefácio de *Great Instauration* (Grande restauração), 1623, Bacon argumenta[19] que a natureza é "...para ser conquistada apenas pela submissão..." Na mesma linha, de acordo[20] com Descartes, deve-se buscar uma

> filosofia prática por meio da qual, conhecendo a força e a ação do fogo, da água, do ar, das estrelas, do céu e de todos os corpos que estão em torno de nós, tão bem quanto conhecemos os diferentes ofícios de nossos artesãos, possamos do mesmo modo empregá-los em todos os usos para os quais são adotados, e assim nos tornarmos os senhores e proprietários da natureza.

A ideia de uma natureza que precisa ser conquistada substitui naquele período a visão de uma generosa Mãe Natureza, em cujas entranhas os metais seriam gerados e teriam de ser recuperados pelos mineiradores. Bacon considerava que os produtos e segredos da natureza tinham de ser obtidos pela força e pela tortura, e algumas das suas metáforas mais fortes lembram as práticas do interrogatório e julgamento de bruxas.[21]

Trezentos anos depois de Bacon, o filósofo e revolucionário Karl Marx (1818-1883) novamente enfatizou a importância da dominação da natureza, para ele um ato que permitia ao homem atingir a condição humana plena. Em *O capital*, Marx argumenta que[22] o homem "se opõe à natureza como uma de suas [da natureza] forças". E mais, "agindo desse modo sobre o mundo externo e o transformando, ao mesmo tempo transforma sua própria natureza". Outro pensador do século XIX, o filósofo britânico John Stuart Mill (1806-1873), escrevendo em *Três ensaios sobre religião* (1874), exprimiu[23] uma ideia semelhante, de uma forma algo mais fraca, afirmando que "o próprio alvo e objeto da ação é alterar e melhorar a natureza".

O domínio sobre as propriedades da matéria e das técnicas de preparação foi também requisito necessário no caso específico do desenvolvimento dos materiais magnéticos modernos. No projeto de materiais com propriedades magnéticas desejáveis, os processos da natureza foram direcionados para usos práticos, de tal forma que o progresso ocorreu em uma escala encontrada apenas em um punhado de outras áreas de atividade técnica.

A caracterização magnética dos materiais

As propriedades magnéticas gerais dos materiais geralmente são determinadas a partir da curva de magnetização medida em função do campo magnético aplicado. Essa curva comumente tem a forma dada na Figura 7.1. A curva é desenhada a partir do ponto "O", que corresponde à magnetização nula para campo aplicado zero. À medida que o campo aumenta até o seu valor máximo $H_{máx}$, a magnetização muda seguindo a linha OA — a curva OA é chamada curva de magnetização virgem.

À medida que o campo magnético decresce do valor máximo, a magnetização segue a linha AB; enquanto o campo magnético cresce na direção negativa (atingindo o valor $-H_{máx}$) e volta até $H_{máx}$, formando uma curva fechada. Como o comportamento típico da magnetização pode ser descrito como o de "ficar para trás" do valor do campo magnético, a curva completa é chamada de curva de histerese, ou laço de histerese, do grego *hysterein*, ou ficar para trás.

Os parâmetros ou características principais derivados do laço de histerese são a magnetização de saturação (M_s), isto é, o valor de M para o qual a magnetização satura (para o campo $H_{máx}$ na Figura 7.1), a remanência M_r, que é o valor de M para H=0, e a coercividade H_c, o valor do campo magnético para o qual a magnetização M é zero. Caso se comece de uma amostra completamente magnetizada ($M = M_s$), a coercividade mede o campo magnético que tem de ser aplicado para desmagnetizá-la completamente.

Um bom material para ímã permanente, ou material magnético duro, precisa ter os maiores valores possíveis de M_s, M_r e H_c. Um único parâmetro que resume todas essas características é a área do maior retângulo que pode ser inscrito no segundo quadrante da curva de B (quantidade proporcional a H e M) *versus* H (o segundo quadrante é a região com B positivo e H negativo). Esse é conhecido como produto de energia máximo.

Um material magnético macio, por outro lado, é aquele que mostra a menor magnetização residual possível quando o campo magnético aplicado é removido; deve ter valores mínimos de M_r e H_c. A área do laço é então mínima.

À medida que se varia o campo, fazendo a amostra passar por uma curva de histerese completa, a energia é dissipada como calor, de forma proporcional à área do laço; portanto, para materiais macios, a perda de energia também é minimizada. Os materiais magnéticos macios são usados principalmente como núcleos de transformadores.

Algumas das propriedades magnéticas dos materiais — por exemplo, a temperatura acima da qual não existe ordem magnética (o ponto de Curie) e o valor máximo da magnetização — dependem principalmente da composição do material e são chamadas de "intrínsecas". Outras propriedades dependem essencialmente de como o material é estruturado em escala microscópica, por exemplo dos tamanhos e das formas dos pequenos cristais que constituem o seu volume; essas são as propriedades "extrínsecas" e incluem a coercividade H_c e o produto-energia.

Quadro 7.1

Material	Coercividade típica	Produto-energia típico
Pedra-ímã	1-10 kA/m	0,01-0,1 kJ/m^3
Aços carbono	4 kA/m	2 kJ/m^3
Aços cobalto	20 kA/m	8 kJ/m^3
Alnico	120 kA/m	40 kJ/m^3
Ferrita dura	300 kA/m	36 kJ/m^3
$SmCo_5$	4.000 kA/m	200 kJ/ m^3
NdFeB	1.000 kA/m	400 kJ/m^3

O DESENVOLVIMENTO DOS MATERIAIS MAGNÉTICOS: O FIM DOS DIAS DOS LIVROS DE RECEITAS

O primeiro ímã conhecido, a pedra-ímã encontrada na natureza, é composto principalmente do óxido de ferro magnetita, de fórmula química Fe_3O_4. Contém[24] frequentemente outros óxidos de ferro, tais como a maghemita (γ-Fe_2O_3). A magnetita é um mineral relativamente abundante, de cor escura, encontrada como cristais na forma de octaedros ou octaedros modificados por faces dodecaédricas. Outros compostos químicos de ferro estão presentes em muitos minerais, pois o ferro é abundante na crosta da Terra — é o quarto elemento mais comum, constituindo cerca de 5% da crosta.

A pedra-ímã, muito valiosa por sua importância na navegação, era usada como bússola ou, mais comumente, para magnetizar as agulhas de aço das bússolas. Os navios levavam pedras-ímã para remagnetizar a bússola sempre que necessário.[25] Nos séculos XVII e XVIII, apenas pessoas muito ricas podiam possuir uma boa pedra-ímã, que valia uma pequena fortuna. Por exemplo, o construtor de instrumentos holandês Nicolaas Hartsoeker (1656-1725)[26] recebeu uma oferta em florins equivalente a 50 mil dólares atuais por uma pedra-ímã do tamanho de um punho.

A qualidade da pedra-ímã era caracterizada pelos autores antigos pelo peso do ferro que conseguia levantar, as melhores sendo capazes de manter[27] até cerca de meio quilo de ferro. Outra forma de caracterizar as pedras-ímã, assim como outros materiais magnéticos, era baseada no valor de sua coercividade (H_c, ver Quadro 7.1).

A magnetização da magnetita encontrada naturalmente pode resultar da ação do campo magnético da Terra sobre rochas sedimentares ou rochas fundidas, alinhando, portanto, os momentos atômicos e produzindo uma magnetização remanente (Capítulo 3), ou pode surgir das enormes correntes elétricas que circulam no solo quando caem os raios.[28]

A partir do fim do século XVI, as pedras-ímã foram tornadas mais eficazes envolvendo-as ou amarrando-as com pedaços de ferro, uma técnica que aumentava em até três vezes seu poder de içar objetos magnéticos.[29] Nesses "ímãs armados", descritos por Gilbert em *De magnete*, os pedaços de ferro agem guiando as linhas do campo magnético e, portanto, "concentrando" os efeitos magnéticos.

Como vimos no Capítulo 1, muito cedo, no século VII ou VIII, a possibilidade de magnetizar pedaços de ferro tocando-os ou esfregando-os com uma pedra-ímã foi empregada na China para fabricar agulhas de bússolas. No século XIII, Pedro Peregrino também descreveu esse processo de magnetização de agulhas.

Desde o início, quando foram encontrados os primeiros usos para a magnetita natural — a pedra-ímã —, até hoje, houve uma enorme evolução nos materiais magnéticos, significando, aqui, aqueles que apresentam ordem magnética, isto é, momentos magnéticos arranjados regularmente, como os ferromagnetos (ferro) ou os ferrimagnetos (magnetita).

Do ponto de vista das aplicações, existem duas grandes classes de materiais magnéticos. O primeiro grupo é formado pelos materiais usados como ímãs ou, como são chamados comumente, "ímãs permanentes". Nesse grupo, os exemplos tradicionais são a magnetita e as ligas de ferro. Como no século XVIII essas ligas eram mecanicamente duras, os materiais para essa aplicação são chamados até hoje de "materiais magnéticos duros". A segunda classe de materiais, cuja importância cresceu a partir do desenvolvimento dos usos da eletricidade no século XIX, é o grupo de ligas adequadas para a construção de transformadores ou núcleos de transformadores. Incluem os aços elétricos, que pertencem a uma classe de materiais conhecida como "materiais magnéticos macios" (ou "doces"). A terceira classe é formada por materiais de "dureza magnética" intermediária, tais como alguns óxidos de ferro, que têm sido usados, desde meados do século XX, como meio de gravação magnética. Os materiais magnéticos duros são difíceis de magnetizar ou desmagnetizar, isto é, exigem a aplicação de altos campos magnéticos para mudar seu estado de magnetização. O oposto é verdadeiro a respeito dos materiais magnéticos macios.

Iniciando-se no século XVIII, a construção sistemática de ímãs "artificiais" foi estabelecida, com os ímãs feitos de barras ou fitas de aço. Os construtores de instrumentos de Londres dominavam a técnica de manufatura de ímãs nesses dias. O mais conhecido deles foi Gowan Knight (1713-1772), que introduziu ímãs artificiais baratos feitos de ferro a partir da década de 1750; um dos seus ímãs era capaz de sustentar 28 vezes o próprio peso.[30] Knight ganhou muita fama e tornou-se membro da Royal Society, usando esse fato para apoiar sua posição no mercado de bússolas, as quais fornecia aos capitães de navios e, acima de tudo, à Marinha Real.[31]

Os materiais usados na manufatura de ímãs no século XVIII eram os aços carbono; na segunda metade do século XIX, foi introduzido o aço tungstênio. No início do século XX, os melhores ímãs eram feitos de aços cobalto, contendo 30%-40% de cobalto, desenvolvidos por Kotaro Honda (1870-1954), no Japão.

O acúmulo de conhecimentos empíricos em metalurgia e, na parte final do século XX, o conhecimento da teoria quântica do estado sólido conduziram a um drástico melhoramento do desempenho dos ímãs permanentes. Isso ocorreu lado a lado com os enormes avanços nos métodos de análise e caracterização dos metais nos níveis microscópico e atômico: a metalografia, a análise de raios X, o microscópio eletrônico de tunelamento (MET), entre muitos outros. O progresso na mecânica quântica associado a um poder de computação crescente forneceu aos cientistas de materiais ferramentas para predizer propriedades elétricas e magnéticas das combinações de elementos formando compostos ou ligas.* Nasceu a ciência dos materiais, representando um novo padrão neste campo, de alguma forma superando ou rompendo com a

*Um cientista de materiais caracterizou de forma sucinta a relação entre as diferentes abordagens no tratamento dos materiais: "Física da matéria condensada (explicação), química do estado sólido (investigação) e ciência de materiais (exploração)" (Paul Calvert, "Advanced Materials", *in The New Chemistry*, Nina Hall (org.), Cambridge University Press, Cambridge, 2000, p. 352).

tradição empírica anterior. Em relação à pesquisa sobre ligas metálicas, isto marcou o fim daquilo que foi chamado por um físico[32] de "metalurgia de livro de receitas".

Na década de 1930, Tokushichi Mishima (1893-1975), da Universidade de Tóquio, fez experiências com ligas ternárias contendo níquel e ferro e descobriu novos materiais para a fabricação de ímãs permanentes.[33] Uma composição típica dessas novas ligas era 10 at% (por cento atômico) de alumínio, 24 at% de níquel e 65 at% de ferro. Com a adição de cobalto e cobre, nasceu a família alnico de ligas. Os valores dos parâmetros magnéticos que caracterizam essas ligas tiveram aumento importante, o que representou um progresso considerável, pois permitiu a fabricação de ímãs menores e mais potentes. Melhorias posteriores foram obtidas resfriando-se a liga alnico na presença de um campo magnético externo, um procedimento conhecido como recozimento magnético.[34]

As propriedades magnéticas de certos óxidos mistos de ferro e outros metais, chamados de ferritas, foram estudadas desde 1936 nos laboratórios de pesquisa da Philips, na Holanda.[35] A investigação continuou após a Segunda Guerra Mundial, e a exploração do potencial para aplicações das ferritas em ímãs permanentes veio em seguida. As ferritas foram usadas como núcleos de memória magnética em um dos primeiros computadores digitais, o Whirlwind I, construído no MIT em 1953.[36]

As ferritas mais comuns têm a fórmula MFe_2O_4, em que M é um metal; quando M é ferro (Fe), temos a magnetita, a qual é, portanto, a primeira ferrita natural a ser conhecida. Essas substituíram, em grande parte, materiais magnéticos usados anteriormente e são atraentes pelo baixo custo e pela alta resistência elétrica. Podem ser ou "magnetos duros", adequados à fabricação de ímãs permanentes, ou "magnetos macios". As ferritas "macias" exigem um pequeno campo para ser magnetizadas e são amplamente usadas em antenas, indutores e dispositivos de alta frequência.

As ferritas empregadas na fabricação de ímãs são da variedade hexagonal, tipicamente de fórmula $MFe_{12}O_{19}$, em que M é o bário ou o estrôncio. Todo ano milhões de toneladas de ferritas são produzidas em todo o mundo.[37]

Outros materiais para ímãs permanentes são as ligas[38] cobre-ferro-níquel, cobre-níquel-cobalto, platina-cobalto, ferro-cobalto-molibdênio e[39] manganês-alumínio-carbono e ferro-cromo-cobalto. Embora hoje existam milhares de materiais magnéticos utilizados em várias aplicações, uma dúzia desses materiais é responsável por 99% do mercado mundial.[40]

O projeto desses novos materiais foi combinado com técnicas de preparação inéditas, nas quais a estrutura dos materiais em nível microscópico, ou microestrutura, é controlada por moagem, fusão, tratamento térmico, sinterização (agregação de um pó sob pressão e altas temperaturas) e assim por diante. Isso quer dizer que não apenas a estrutura química pode ser controlada, mas a forma, o tamanho e a distribuição dos cristalitos dos compostos presentes no ímã são feitos sob medida para resultar nas propriedades desejadas. Mais ainda, o grau e a direção de magnetização são manipulados pela aplicação de campos magnéticos intensos no processo de preparação dos ímãs permanentes.

A evolução dos materiais dos ímãs permanentes está mostrada no Quadro 7.1, em que o parâmetro produto-energia aumentou por um fator de cerca de 200 desde que os primeiros ímãs artificiais foram fabricados. Como esse produto mede a quantidade de energia que pode ser armazenada no ímã, ele dá uma medida quantitativa da qualidade de um ímã.

Os materiais magnéticos macios são os indicados para núcleos de transformadores elétricos. O primeiro transformador foi construído por Michael Faraday, quando ele enrolou duas bobinas em torno de um anel de ferro (ver Capítulo 3). Como uma corrente alternada (CA) é aplicada a um dos enrolamentos, outra voltagem CA aparece no outro enrolamento, e essas voltagens estão entre si como a razão do número de voltas nas bobinas. Em cada ciclo da voltagem CA, a magnetização do núcleo passa por uma curva de histerese (Figura 26), e parte da energia elétrica é transformada em energia térmica, aparecendo como calor. A predominância da transmissão de potência CA, desde as últimas décadas do século XIX, conduziu ao uso universal de transformadores, tornando, portanto, as considerações sobre as propriedades magnéticas dos materiais dos núcleos questões da maior relevância econômica.[41]

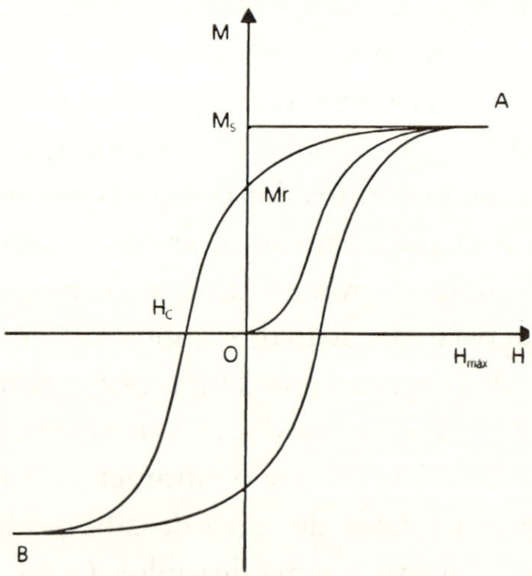

Figura 26 Curva de histerese de um ferromagneto; mostra o valor da magnetização em função do campo magnético aplicado; H_c é o campo coercivo e M_s é a magnetização de saturação.

Na segunda metade do século XIX, muitas ligas de ferro e níquel foram investigadas na Inglaterra do ponto de vista de suas propriedades magnéticas, por pioneiros como o engenheiro e físico escocês James Alfred Ewing (1855-1935), o descobridor do fenômeno da histerese. No início da década de 1900, principalmente por meio do trabalho de outro investigador, Robert Abbott Hadfield (1858-1940), a liga de ferro com 3%-4% de silício foi introduzida para núcleos de transformadores, reduzindo as perdas térmicas do núcleo a cerca de metade daquela das ligas usadas anteriormente.[42] As ligas de ferro-silício foram melhoradas de muitas maneiras através dos anos. O aperfeiçoamento mais importante foi a introdução, no fim da década de 1930, de ligas em placas com os planos dos cristais metálicos individuais orientados (chamadas de "grão orientado").[43] As coercividades típicas desses materiais são de 10 A/m.

Outras ligas com boas propriedades macias são o mumetal e permalloy, descobertos nas décadas de 1920, ambos baseados em ferro e níquel.

Um importante desenvolvimento na direção de materiais magnéticos macios foi a descoberta e a produção de ligas amorfas, ou "vidros metálicos", iniciando-se na década de 1960 (ver Capítulo 5). As ligas macias amorfas têm sido preparadas com ferro, cobalto, fósforo, bismuto etc.

Outra classe de materiais macios baseados no ferro é formada por cristais muito pequenos, de cerca de 1/100 de um milímetro, embebidos em uma matriz amorfa — as ligas nanocristalinas, introduzidas no Japão no fim da década de 1980. São preparadas por cristalização parcial de ligas amorfas.

As ligas magnéticas macias têm outras aplicações além dos núcleos de transformadores: são empregadas em muitos tipos de sensores e também em blindagens para evitar campos magnéticos indesejados. Representam cerca de um terço do mercado global de materiais magnéticos, estimado em 30 bilhões de dólares em 1999.[44]

Um novo campo de aplicação dos materiais magnéticos é a "spintrônica",[45] a eletrônica que faz uso não apenas da manipulação e resposta à carga do elétron, mas do seu *momentum* angular intrínseco, ou spin. Os dispositivos de spintrônica usam a interação dos materiais magnéticos com o spin do elétron para manipular separadamente elétrons com spins em uma direção e spins em outra direção. Por exemplo, os filmes finos de camadas alternadas ferromagnéticas ou antiferromagnéticas conduzem seletivamente elétrons com diferentes direções de spin; esse é o mecanismo físico por trás da magnetorresistência gigante (GMR) dos filmes, um efeito caracterizado por uma grande variação na resistência produzida pela ação de um campo magnético aplicado. As aplicações da spintrônica incluem uma variedade de dispositivos baseados na GMR, tais como cabeças de leitura de discos rígidos magnéticos, sensores de campo magnético e memórias magnetorresistivas de acesso aleatório (MRAM). Alguns dispositivos de spintrônica podem usar materiais que são ao mesmo tempo semicondutores e ferromagnetos. O desenvolvimento da spintrônica e o progresso continuado na miniaturização prometem componentes eletrônicos e dispositivos muito menores e mais rápidos.

SUPERÍMÃS

Na década de 1970, uma nova classe de materiais para ímãs permanentes foi introduzida, baseada nas terras raras, elementos da tabela periódica que em muitos casos exibem ordem magnética. Originalmente a denominação "terras" foi dada pelos gregos aos óxidos de cálcio, alumínio e magnésio. O nome terra rara designa os elementos (ou, mais exatamente, os óxidos dos elementos) encontrados no fim do século XVIII, inicialmente como resultado do trabalho do químico finlandês Johan Gadolin (1780-1852). Pensou-se na época que constituíam uma classe de elementos com abundância natural muito baixa, daí o nome. No entanto, algumas das terras raras são relativamente abundantes na crosta da Terra, como é o caso, por exemplo, do cério, a mais abundante das terras raras, sendo o 29° elemento mais comum na crosta do planeta.

Os elementos químicos que recebem essa denominação são a série de 14 elementos da tabela periódica iniciada com o lantânio (símbolo La, número atômico Z=57) e continua até o lutécio (Lu, Z=71), conhecida como lantanídeos (ou lantanoides), e, além desses, o escândio (Sc, Z=21) e o ítrio (Y, Z=39). Devido à grande semelhança química, as terras raras são difíceis de separar uma das outras e só foram obtidas em quantidade com o desenvolvimento das técnicas de purificação, depois da Segunda Guerra Mundial.

Muitas terras raras são altamente anisotrópicas, isto é, suas propriedades físicas dependem fortemente da direção no cristal ao longo da qual são medidas. A anisotropia implica que a magnetização prefere permanecer apontando ao longo de uma dada direção do cristal. Essa propriedade é relevante para materiais empregados na fabricação de ímãs permanentes, pois um dos requisitos de um ímã é que ele, sob a ação de um campo magnético externo, resista a mudanças na direção e magnitude da sua magnetização. Entre os mais bem-sucedidos para esse propósito, contendo terras raras, podemos relacionar os de samário-cobalto e neodímio-ferro-boro. Os materiais baseados em terras raras representam hoje cerca de 30% do mercado mundial (em valor) de materiais de ímãs permanentes.[46]

Uma primeira indicação de quão promissores seriam os materiais magneticamente duros contendo terras raras foi a descoberta em 1935, por um grupo de São Petersburgo, na Rússia, de produtos-energia acima de 340 kJ/m^3 em uma liga de neodímio-ferro.[47] Um longo período se passou até serem levados em consideração os primeiros ímãs contendo terras raras. Esses eram baseados na série de compostos de cobalto de fórmula RCo_5 (em que R é uma terra rara), cujas propriedades magnéticas foram estudadas na década de 1960.[48]

A segunda geração de materiais para ímãs permanentes contendo terras raras foi baseada nos compostos de fórmula geral R_2Co_{17}. Uma série de compostos intermetálicos relacionada com essa, os compostos R_2Fe_{17}, resultou em materiais úteis quando combinados com elementos de pequeno raio atômico (hidrogênio, nitrogênio e carbono), cujos átomos ocupam os interstícios da rede cristalina.

A terceira e mais notável família de ímãs de terras raras foi desenvolvida simultaneamente,[49] em 1983, na General Motors (EUA) e na Sumitomo (Japão), e continha neodímio, ferro e boro, em um composto com fórmula química $Nd_2Fe_{14}B$. Esses novos materiais, conhecidos como ímãs de alto desempenho, ou "superímãs" (uma designação também aplicada a todos os materiais para ímãs permanentes contendo terras raras), têm produtos-energia muito elevados (ver Quadro 7.1). Uma vantagem adicional de ímãs com tal fórmula é que o ferro é mais barato do que o cobalto, e o neodímio é mais barato, por exemplo, do que o samário, usado no composto $SmCo_5$.

Assim como ocorre com os outros materiais empregados em ímãs permanentes, um processamento complexo é necessário para tornar a liga NdFeB um ímã usável: os ímãs são comumente feitos a partir do pó orientado prensado na forma desejada (sinterizado) ou resfriando-se rapidamente a liga sob a forma de lascas, que são aglutinadas com um polímero ou uma resina, tomando a forma desejada.[50] Atualmente, as ligas de NdFeB produzidas industrialmente têm uma composição próxima de $Nd_{15}Fe_{77}B_8$.

Os materiais magnéticos passaram por uma evolução espetacular[51] durante o século XX. O produto-energia dobrou a cada 12 anos, a permeabilidade máxima (uma medida de quão fácil é se magnetizar um material) dobrou a cada seis anos e, em conexão com esse fato, as perdas dos núcleos de transformadores se reduziram à metade a cada oito anos. Durante o século XX, o produto-energia máximo dos materiais de ímãs permanentes aumentou de um fator de 200.

Todos esses avanços em materiais estimularam o amplo uso de ímãs permanentes em motores elétricos, sensores, transdutores e assim por diante. O pequeno tamanho dos novos ímãs, que se tornou possível pelos novos e potentes magnetos, favoreceu a criação de produtos, como os pequenos fones de ouvido para rádios portáteis, toca-CDs etc.

Os ímãs estão presentes na maioria dos eletrodomésticos: em praticamente todo motor elétrico, em aparelhos de CD, DVD ou vídeo, em motores que equipam máquinas de lavar, facas elétricas, ventiladores, aparelhos de ar-condicionado, acionadores de discos rígidos e disquetes, moedores de lixo, brinquedos e assim por diante. Também em fechos magnéticos (como nas portas de geladeira), no sistema de focalização dos monitores de TV, em quadros de avisos, interruptores, atuadores, fones, alto-falantes e fornos de micro-ondas.

A indústria automobilística emprega muitos ímãs nos sensores, motores e assim por diante. Nos carros modernos, podem existir uns cem ímãs, como parte do motor de arranque, do ar-condicionado, do velocímetro, dos medidores, da bomba do limpador de para-brisas, do motor para levantar a antena, do motor da bomba de combustível, do motor que tranca as portas, do toca-CD, dos alto-falantes, do limpador de para-brisas e do sistema antiderrapagem.

ÍMÃS FRIOS

A temperatura de um pedaço de material paramagnético, antiferromagnético ou ferromagnético submetido a um campo magnético varia se o campo aplicado for removido; esse efeito é conhecido como efeito magnetocalórico.[52] Foi descoberto no ferro puro, em 1881, pelo físico alemão Emil Warburg (1846-1931). Em sua forma mais comum, a remoção do campo conduz a um resfriamento, o que pode ser explicado em termos simples: quando a ordem imposta pelo campo magnético sobre os spins eletrônicos não está mais presente, a ordem total é "conservada". Assim, a desordem total, e com ela a temperatura, é reduzida.

Usando esse efeito no sulfato de gadolínio, em um processo conhecido como desmagnetização adiabática, foram alcançadas baixíssimas temperaturas, da ordem de um milésimo de grau acima do zero absoluto. Temperaturas ainda mais baixas, de um centésimo milésimo de um grau ou menos, foram atingidas empregando o efeito análogo nuclear. Nesse caso, o campo magnético impôs alguma ordem magnética ao sistema de momentos magnéticos dos núcleos, não os momentos dos elétrons, os quais, com a desmagnetização, se acoplam ao resto da amostra, esfriando-a.

Desde 1997, foram encontrados alguns compostos que apresentam um efeito magnetocalórico intenso (por exemplo, $Gd_5Si_2Ge_2$, $MnFeP_{0.45}As_{0.55}$) e que têm uma capacidade aumentada de remover calor do meio. Nos materiais ferromagnéticos, a magnitude do efeito magnetocalórico é maior próxima à temperatura de transição acima da qual não existe mais ordem magnética (o ponto de Curie). Portanto, os materiais mais interessantes para aplicações em refrigeração devem ter temperaturas de transição na faixa das temperaturas planejadas de operação; para substituir um refrigerador doméstico, a temperatura de transição deve ser próxima à temperatura ambiente.

Esse efeito foi demonstrado na prática com a operação de um refrigerador magnetocalórico, em que uma porção de material magnetocalórico é movida para dentro e para fora de um campo magnético, e um trocador de calor permite a ela esfriar um volume determinado. O primeiro protótipo funcional,[53] com um poder de refrigeração de 500 watts, foi construído pela Astronautics Corporation nos Estados

Unidos, em 1997. Usava um ímã supercondutor refrigerado com hélio líquido para produzir o campo magnético. Em 2001, um refrigerador mais prático, empregando ímãs permanentes, também foi demonstrado.

O atraente na nova técnica é que não se usam gases poluidores ou tóxicos e, além disso, pode-se reduzir significativamente o número de partes móveis no refrigerador. A eficiência que pode ser atingida, na faixa de 50%-60%, é mais alta do que a do refrigerador comum com compressor. A refrigeração magnética parece ser uma técnica promissora para a liquefação de gases.

GRAVAÇÃO MAGNÉTICA: ÍMÃS QUE SE LEMBRAM

No ciclo de romances *Em busca do tempo perdido*, a obra-prima do escritor francês Marcel Proust (1871-1922), existe uma famosa passagem,[54] inspirada em um episódio vivido pelo autor. Nela, o personagem central descreve como uma sequência de imagens ligadas à sua infância é despertada pelo cheiro de um bolo — uma "madeleine":

> E assim que reconheci o gosto do pedaço de madeleine (...) imediatamente a velha casa cinzenta na rua, onde ficava o seu quarto [da sua tia] subiu como um palco (...) e com a casa, a cidade, da manhã à noite e em qualquer tempo, a praça para onde eu costumava ser mandado antes do almoço, as ruas ao longo das quais eu costumava levar mensagens, as estradas para o campo que nós tomávamos quando o tempo estava bom.

No exemplo do romance de Proust, a informação armazenada no cérebro é evocada muitos anos depois por um estímulo externo, o cheiro da madeleine. Outras lembranças podem surgir de uma imagem, um nome, um som. Apesar da capacidade de o cérebro guardar uma quantidade prodigiosa de informação, a memória humana pode falhar, e é necessário um meio seguro para registrar dados e transmitir o conhecimento. Pode-se dizer que a humanidade inventou a escrita em resposta a essa necessidade; essa grande invenção surgiu primeiro entre os sumérios, na Mesopotâmia, no quarto milênio antes de nossa era.

A palavra escrita revolucionou a difusão e a acumulação do conhecimento, e isso levou à invenção do livro, que consistia inicialmente em tabletes de argila ou rolos de papiro. A biblioteca do Museu de Alexandria, uma das mais célebres instituições do mundo antigo, foi fundada no século III a.C. e destruída nos séculos seguintes. No auge da sua existência, continha rolos de pergaminho com conteúdo correspondente a 50 mil livros de tamanho médio,[55] uma coleção notavelmente rica para o período.

Como podemos medir a quantidade de informação contida em um livro? Para especificar um caractere de texto (letra, espaço ou sinal de pontuação), precisamos de umas oito unidades de informação, ou "bits" (de "dígito binário", em inglês), cada um dos quais pode ser representado por um "0" ou um "1". Um conjunto de oito bits corresponde a um "byte". Estima-se que um livro padrão, sem ilustrações, contenha um milhão de bytes de informação, ou seja, um megabyte.

Em comparação com a de Alexandria, uma moderna biblioteca nacional, como a do Congresso dos Estados Unidos, tem cerca de 20 milhões de livros. Eles contêm, apenas no texto dos volumes, aproximadamente 20 milhões de milhões de bytes, ou 20 trilhões de bytes (ou, alternativamente, 20 terabytes).[56]

A comparação de uma biblioteca moderna com a de Alexandria ilustra a explosão da informação, um dos aspectos característicos de nossa era. Esse fenômeno exigiu novas formas de estocar informação; a descoberta da gravação magnética proporcionou um meio prático de preservar e tornar facilmente acessíveis sons, texto, dados numéricos e imagens.

Para ilustrar a ideia básica por trás da gravação magnética, considere a lava que flui de um vulcão. À medida que se solidifica, o campo magnético da Terra orienta os átomos com momentos magnéticos e disso resulta uma magnetização chamada de "termorremanente" (ver Capítulo 2). Se agora aproximarmos da rocha um dispositivo capaz de detectar tal magnetização "escrita" na rocha, ela poderá ser "lida"; esse é o princípio da gravação magnética.

Em um aparelho de gravação magnética, os dados são gravados quando impulsos elétricos são traduzidos em um padrão de pequenas regiões magnetizadas de um meio de gravação, por exemplo, uma película de material magnético depositada em uma fita ou um disco. Isso é feito amplificando antes o sinal elétrico; ele então gera um campo magnético que é aplicado ao meio de gravação, criando a magnetização necessária. Essa magnetização é lida invertendo-se o processo: o campo magnético produzido pelo meio gera um sinal elétrico relacionado com a magnetização quando esse (o meio) passa perto de uma bobina ou sensor.

A gravação pode ser analógica ou digital; no primeiro caso, a magnetização criada no meio é essencialmente proporcional ao sinal que está sendo gravado; e no segundo caso, a informação está codificada em regiões magnetizadas em uma direção ou na direção oposta (bits "0" e "1"). Os primeiros exemplos de gravação do som eram do tipo analógico, nos quais o sinal elétrico era proporcional à intensidade do som que estava sendo gravado.

A gravação magnética foi inventada no fim do século XIX pelo engenheiro dinamarquês Valdemar Poulsen (1869-1942), que trabalhava na Companhia Telefônica de Copenhague (KTAS), interessada, como várias em outras partes do mundo, em projetar um sistema para gravar mensagens telefônicas. Isso estimulou Poulsen a fazer experimentos com gravação, tentando inicialmente com um eletroímã que magnetizava uma serra circular.[57] Ele só teve êxito quando usou como meio magnético um fio de aço de um metro de comprimento, preso por dois pregos em um pedaço de madeira. Ele movia ao longo do fio um eletroímã que estava conectado a um microfone, gravando magneticamente sua voz.

Poulsen aperfeiçoou a ideia e registrou a primeira patente, o Telegraphone, em agosto de 1898 com um gravador que usava um tambor para enrolar o fio de aço. Abandonou a companhia telefônica logo depois e começou a trabalhar no desenvolvimento de seus projetos, em associação com o engenheiro e amigo Peder Olaf Pedersen (1874-1941). A invenção despertou muito interesse na época, e Poulsen ganhou[58] o grande prêmio na Exposição de Paris de 1900. Na mesma exposição foi feita a mais antiga gravação magnética ainda conservada, da voz do imperador Franz Joseph, da Áustria (1830-1916).[59]

Além do gravador com tambor, Poulsen patenteou outro, que empregava uma fita de aço. No entanto, nenhum dos dois dispositivos era muito prático, pois o tempo de gravação disponível era muito curto, insuficiente para gravar mensagens telefônicas. Como nenhuma outra aplicação para a gravação magnética foi considerada na época, as invenções foram, de modo geral, abandonadas por Poulsen, que passou a se interessar, a partir de 1902, pela transmissão por rádio.

A gravação em fita resultou ser muito mais prática do que a gravação em fio, entre outras razões porque colar uma fita rompida era muito mais fácil do que juntar as pontas de um fio de aço quebrado. O inventor austríaco Fritz Pfleumer (1881-1945) tinha desenvolvido um método para recobrir papel de cigarros com pequenas partículas de bronze e adaptou essa técnica para depositar materiais magnéticos, patenteando a ideia em 1928.[60] O primeiro gravador bem-sucedido empregando fita magnética foi o Magnetophon, criado na Alemanha pelas companhias AEG e IG Farben e exibido pela primeira vez em público em 1935.[61] O equipamento foi amplamente usado pela rede de rádio estatal da Alemanha, especialmente para gravar programas, de modo que pudessem ser censurados antes da transmissão.[62]

Um aparelho de gravação magnética que usava uma fita de aço foi criado na Grã-Bretanha a partir de 1929 por um produtor de cinema alemão, Ludwig Blattner (1884-1935). O Blattnerphone, originalmente projetado para ser parte de um sistema de cinema sonoro, foi usado pela BBC para gravar programas de rádio de onda curta.[63]

Nos Estados Unidos, a pesquisa sobre gravação magnética começou na Bell Labs em 1930, inicialmente com o projeto de uma secretária eletrônica.[64] Entre os sistemas desenvolvidos nos EUA estão um gravador em fio projetado em 1939 no Instituto de Tecnologia Armour (hoje Instituto de Tecnologia de Illinois). No fim da década de 1940, as dificuldades com a junção dos fios de aço quebrados levaram à introdução das fitas de papel ou plástico recobertas com material magnético introduzidas pelos fabricantes alemães. Depois da Segunda Guerra Mundial, companhias americanas como a Ampex aperfeiçoaram os Magnetophons levados da Alemanha, usando ideias dos projetistas alemães e se beneficiando do fato de que direitos de patentes alemãs tinham sido anulados como parte do tratado de compensações de guerra.[65]

Desde a década de 1950, a gravação magnética tornou-se disponível para uso doméstico, e fitas magnéticas foram aperfeiçoadas e produzidas nos EUA, na Europa e no Japão. A explosão dos equipamentos de gravação no mercado de consumo veio com a introdução do sistema de fitas cassete (hoje cassete compactas) pela fabricante holandesa Philips. O cassete foi apresentado em 1963 e tornou-se o padrão de sistemas de gravação magnética, produzido em todo o mundo tanto para uso doméstico quanto em automóveis. Os cassetes gravados com música apareceram em 1965. Outro passo que promoveu a popularização das fitas magnéticas de pequeno formato foi a invenção do Walkman, o aparelho portátil de fita, pela Sony, do Japão, em 1979.

Outro uso da gravação magnética foi a reprodução de imagens de TV em fita, o que exigiu a gravação de uma quantidade de dados muito maior do que a contida nas fitas apenas com som. O primeiro gravador comercial de vídeo, VCR, foi produzido pela Ampex, nos EUA, em 1956.[66] Os gravadores de fita de vídeo a partir dessa época ocuparam um nicho importante no mercado de consumo de eletrônica, mais tarde gradualmente substituídos pelos sistemas de leitura óptica (DVDs).

Os cartões de crédito e débito também usam uma tarja magnética em que a informação sobre a conta do proprietário, o número do cartão e, em alguns casos, o código pessoal são gravados. A tecnologia magnética nesse caso compete com os cartões com chips introduzidos mais tarde. Tarjas magnéticas também são encontradas em passagens de metrô, cartões de embarque e outros tipos de cartões e crachás.

A grande expansão no uso de computadores digitais, desde a introdução do primeiro computador pessoal no fim da década de 1970, estimulou a melhoria dos sistemas de gravação magnética para estocagem de dados, o que incluiu o familiar disco rígido (HD) e os disquetes. Pequenos anéis de ferrita haviam sido usados pela primeira vez como memória magnética em computadores IBM, a partir de 1955.[67] Os discos rígidos foram introduzidos pela IBM em 1956, com informações gravadas com uma densidade por área de 2 kbit/polegada^2 (ou 3 bit/mm^2). Os dados são guardados em forma digital, isto é, como uma sequência de 0s e 1s, correspondendo a regiões magnetizadas em direções opostas (Figura 27).

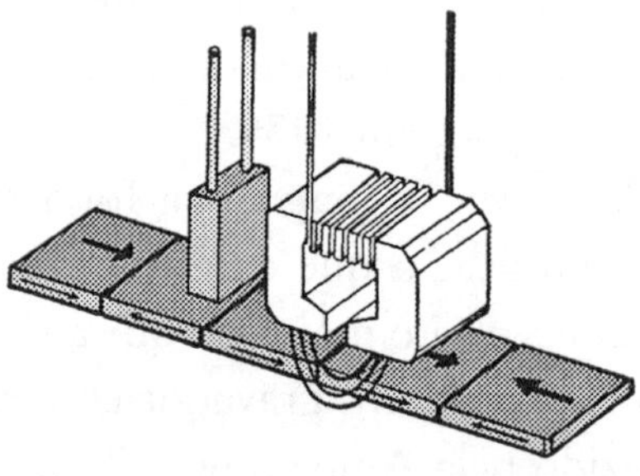

Figura 27 Visão esquemática de uma cabeça de leitura/escrita de um disco rígido magnético. A informação gravada é lida por um sensor magnético (pequena caixa à esquerda) que detecta o estado de magnetização de cada bit (magnetização em uma ou outra direção, como mostrado pelas setas, que correspondem a "0" ou "1"). A cabeça de gravação (à direita) aplica um campo magnético para magnetizar o elemento do disco na direção desejada.

Discos rígidos e disquetes contêm um meio digital essencialmente bidimensional, em geral uma película contendo partículas magnéticas com base de cobalto depositadas em um disco flexível de plástico (no disquete) ou um disco de alumínio, plástico ou vidro, no HD. No caso do HD, uma cabeça que escreve e lê move-se sobre um colchão de ar a uma distância muito pequena (da ordem de dez milionésimos de milímetro) da superfície do disco, que gira milhares de vezes por minuto. A cabeça que escreve grava cada bit em uma área extremamente pequena, de apenas cinco centésimos de milionésimo de milímetro quadrado,[68] perfazendo uma densidade de 10 Gb/pol^2. A escrita é feita gerando um campo magnético através de uma pequena abertura (de 100 nanômetros de largura) na cabeça de escrever sobre a superfície do meio. Nas novas unidades de disco, a cabeça de leitura lê o campo magnético por meio da mudança que produz na resistência do material da cabeça. Esse efeito de magnetorresistência é a base das cabeças de leitura introduzidas no início da década de 1990. Em 1997, cabeças baseadas em um efeito mais intenso (a magnetorresistência gigante, ou efeito GMR), com mais do dobro da sensibilidade, foram introduzidas.

O efeito de magnetorresistência gigante também é usado como base da memória magnetorresistiva de acesso aleatório (MRAM), projetada para substituir as memórias dinâmicas de acesso aleatória (DRAM) de silício, que são voláteis, isto é, não retêm a informação quando o computador é desligado. Em uma unidade MRAM, que é não volátil, cada bit é gravado como o estado de magnetização de um minúsculo ímã, e o estado ("1" ou "0") é lido medindo a resistência elétrica. As unidades MRAM têm um tempo muito curto de acesso e necessitam de menos energia do que as memórias aleatórias baseadas em semicondutores, que têm de ser atualizadas muitas vezes por segundo.

As unidades de gravação magnética nos computadores evoluíram em um passo assombroso: em 50 anos os ganhos na compressão da informação em espaços cada vez menores reduziram o custo por bit de informação em um fator de mais de 10 milhões. A densidade de gravação de dados dobrou[69] a cada dois anos desde o fim da década de 1950! A densidade por área demonstrada atualmente para gravação magnética é de 100 bilhões de bits por polegada quadrada, ou 100 gigabit/pol^2 (150 Mbit/mm^2), correspondendo a cem mil vezes a densidade atingida em 1970. Porém, à medida que a região que contém um bit torna-se menor do que uma certa dimensão, correspondendo a uma densidade[70] próxima daquela mencionada acima (150 Mbit/mm^2), seu magnetismo fica instável, isto é, a informação magnética é perdida após certo tempo. Portanto, o processo atual de aumento da densidade de informação não pode prosseguir indefinidamente; um novo paradigma tem de ser estabelecido.

Uma forma de contornar essa limitação da instabilidade térmica é o uso de meio magnético em multicamadas magnéticas, com duas camadas superpostas magnetizadas em direções opostas (chamadas de "antiferromagneticamente acopladas", ou meio AF). Discos com densidades acima de 25 Gbit/pol^2 vêm sendo produzidos pela IBM[71] desde 2001.

Em lugar de magnetizar o meio em uma direção paralela à sua superfície, novos dispositivos empregam gravação perpendicular, que em princípio tem a possibilidade de atingir densidades mais altas de gravação. Outras novas vias de gravação magnética envolvem mais inovações nos meios magnéticos, tais como o uso de discos com padrões, nos quais a superfície está dividida em ilhas, feitas, por exemplo, por meio de litografia, cada uma guardando um único bit. Esse método pode permitir alcançar densidades de gravação[72] de 1.000 Gbit/pol^2 (ou 1 terabit/pol^2) ou mais. Apesar do fato de a natureza atômica da matéria representar o limite final do crescimento continuado da densidade de estocagem de informação, a gravação magnética provavelmente manterá o seu dinamismo por muitos anos ainda (Figura 28).

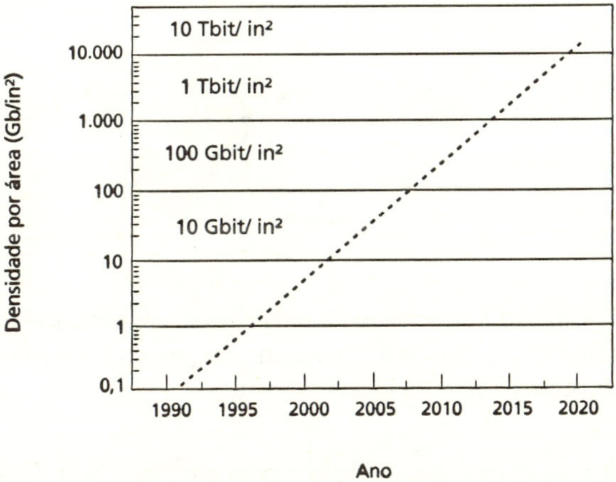

Figura 28 Representação aproximada da evolução da densidade de gravação nos discos rígidos e provável cenário para os próximos anos. Os valores das densidades, em gigabytes por polegada quadrada, são representados em uma escala logarítmica.

O rápido progresso na tecnologia de gravação magnética conduziu a um crescimento na parcela de informação estocada sob a forma magnética. De acordo com um estudo[73] feito em 2003, da quantidade total estimada de informação produzida sob todas as formas (em papel, filme, meios ópticos e magnéticos) — cerca de cinco milhões de terabytes — 92% foram guardados sob a forma de dados magnéticos (Figura 29). Essa fantástica quantidade de informação é comparável ao conteúdo de todas as palavras já faladas pelas pessoas! A quantidade é muito maior, por exemplo, do que a informação contida nos aproximadamente um milhão de novos livros publicados a cada ano. Ou nos 2,5 bilhões de CDs vendidos por ano.

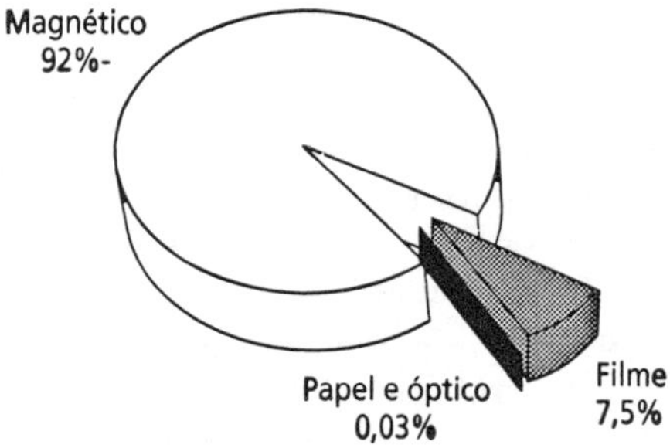

Figura 29 Como a informação global gravada em um ano é distribuída entre os diferentes meios de armazenamento, mostrando a esmagadora preponderância da gravação magnética.

Podemos, portanto, concluir que a tecnologia de gravação magnética atingiu uma posição muito especial em nosso tempo, sendo responsável pela custódia da maior parte da informação ou do conhecimento gerado em todo o mundo.

CONCLUSÕES

O fascínio da pedra-ímã levou-nos a percorrer um longo caminho: desde o magnetismo visto como um fenômeno curioso, que despertava admiração e perplexidade, até o reconhecimento como um aspecto da natureza presente em diferentes escalas de complexidade, de partículas subatômicas a galáxias. Essa estrada leva do primeiro dispositivo prático empregando as forças magnéticas — a bússola — até as maravilhosas ferramentas para investigar os mais recônditos segredos do corpo humano ou às originais e fantásticas formas de lidar com a informação. Das primeiras bússolas, que garantiam a segurança dos navegadores, à salvaguarda do patrimônio dos conhecimentos da humanidade.

Espero que tenha tido sucesso em compartilhar com o leitor algo do assombro que cerca o fenômeno do magnetismo, o qual por tanto tempo capturou a imaginação tanto dos cientistas quanto dos leigos; e também em sugerir como os avanços no conhecimento desse fenômeno se relacionam com as fronteiras em expansão da ciência.

Leituras adicionais

J. D. Livingston, "100 Years of Magnetic Memories", *Scientific American*, novembro de 1998, p. 81-85.

J. D. Livingston, "The History of Permanent-Magnet Materials", *Journal of Metallurgy* (*JOM*), fevereiro de 1990, p. 30-34.

M. E. Smith e J. H. Strange, "NMR Techniques in Materials Physics", *Measurement Science and Technology*, v. 7, 1996, p. 449-475 (mais técnico).

Melvin Kranzberg e Cyril S. Smith, "Materials in History and Society *Materials Science and Engineering*, 37, 1979, p. 1-39.

S. L. Sass, *The Substance of Civilization: Materials and Human History from the Stone Age to the Age of Silicon*, Arcade Publishing, Nova York, 1998.

Leituras gerais

G. L. Verschuur. *Hidden Attraction: The Mystery and History of Magnetism*. Nova York: Oxford University Press, 1993.

J. D. Livingston. *Driving Force: The Natural Magic of Magnets*. Cambridge: Harvard University Press, 1996.

Notas

1. I. S. Jacobs, "Role of Magnetism in Technology", *Journal of Applied Physics*, v. 40, 1969, p. 917-928.
2. H. Hodges, *Technology in the Ancient World*, Penguin, Harmondsworth, 1971, p. 17.
3. H. Hodges, *op. cit.*, p. 35.
4. André Leroi-Gourhan, "Le Complexe Technique du Néolithique", *in Histoire Générale des Techniques*, Maurice Daumas (org.), vol. 1, p. 61-74, Presses Universitaires de France, Paris, 1962, p. 69.
5. H. Hodges, *op. cit.*, p. 35.
6. R. F. Tylecote, *The Early History of Metallurgy in Europe*, Longmans, 1987, Londres, p. 92.
7. S. L. Sass, *The Substance of Civilization: Materials and Human History from the Stone Age to the Age of Silicon,* Arcade Publishing, Nova York, 1998, p. 83.
8. R. F. Tylecote, *A History of Metallurgy*, 2ª edição, The Institute of Materials, Brookfield, 1992, p. 10.
9. J. M. Roberts, *The Penguin History of the World*, Penguin Books, Harmondsworth, 1988, p. 102.
10. R. F. Tylecote, *The Early History of Metallurgy in Europe*, *op. cit.*, p. 52.
11. Georges Contenau, "Mésopotamie et Pays Voisins", *in Histoire Générale des Techniques*, *op. cit.*, p. 139.
12. J. M. Roberts, *op. cit.*, p. 122.
13. Homer, *Odyssey*, livro nove, Samuel Butler (trad.), *Great Books*, v. 4, Encyclopaedia Britannica, Chicago, 1978, p. 233.

14. A. C. Crombie, *The History of Science from Augustine to Galileo*, v. 1, Dover Publications, Nova York, 1995, p. 140.
15. A. C. Crombie, *op. cit.*, p. 142.
16. A. C. Crombie, *op. cit.*, p. 222.
17. William Leiss, "Utopia and Technology: Reflections on the Conquest of Nature", *International Social Sciences Journal*, v. 22, nº 4, 1970, p. 576-588.
18. Francis Bacon, "Novum Organum", Parte II, aph. 31, citado por William Leiss, "Utopia and Technology: Reflections on the Conquest of Nature", *International Social Sciences Journal*, v. 22, nº 4, 1970, p. 580.
19. Francis Bacon, *in* Alan Mackay, *Dictionary of Scientific Quotations*, Institute of Physics Publishing, Bristol, 1991, p. 20.
20. René Descartes, *Discours de la Méthode*, VI, *in The Philosophical Works of Descartes*, E. Haldane e G. Ross (orgs.), Dover, Nova York, 1955, v. I, p. 119, citado por William Leiss, *op. cit.*, p. 580.
21. Carolyn Merchant, *The Death of Nature: Women, Ecology and the Scientific Revolution*, Harper and Row, São Francisco, 1983, p. 169.
22. Karl Marx, *Capital*, v. 1, *Great Books*, v. 50, Encyclopaedia Britannica, Chicago, 1978, p. 85.
23. John Stuart Mill, *The Oxford Companion to Philosophy*, Ted Honderich (org.), Oxford University Press, Oxford, 1995, p. 608.
24. M. Blackman, "The Lodestone: a Survey of the History and the Physics", *Contemporary Physics*, 24, 1985, p. 328.
25. Patricia Fara, *Sympathetic Attractions*, Princeton University Press, Princeton, 1996, p. 50.
26. K. J. Overshott, *Magnetism: it is Permanent,* IEE Proceedings A, v. 138 (1), 1991, p. 24.
27. M. Blackman, *op. cit.*, p. 319.
28. M. Blackman, *op. cit.*, p. 328.
29. M. Blackman, *op. cit.*, p. 324.
30. K. J. Overshott, *op. cit.*, p. 25.
31. Patricia Fara, *op. cit.*, p. 79.
32. Correspondência de A. M. Tyndall para W. Sucksmith, 1941, citado por Stephen T. Keith e Pierre Quédec, "Magnetism and Magnetic Materials", *in Out of the Crystal Maze, Chapters from the History*

of Solid-State Physics, Lillian Hoddeson, Ernest Braun, Jürgen Teichmann e Spencer Weart (orgs.), Oxford University Press, 1992, Nova York, p. 421.

33. Stephen T. Keith e Pierre Quédec, *op. cit.*, p. 420.
34. J. D. Livingston (a), *The History of Permanent-Magnet Materials*, Journal of Metallurgy (JOM), fevereiro de 1990, p. 31.
35. U. Enz, "Magnetism and Magnetic Materials: Historical Developments and Present Role in Industry and Technology", *in Ferromagnetic Material*, v. 3, E. P. Wohlfarth (org.), North Holland, Amsterdã, 1982, p. 13.
36. U. Enz, *op. cit.*, p. 17.
37. J. M. D. Coey, "Whither Magnetic Materials?", *Journal of Magnetism and Magnetic Materials*, 196-197, 1999, p. 3.
38. K. J. Overshott, *op. cit.*, p. 28.
39. J. D. Livingston (a), *op. cit.*, p. 33.
40. J. M. D. Coey, *op. cit.*, p. 2.
41. Stephen T. Keith e Pierre Quédec, *op. cit.*, p. 416.
42. G. A. V. Sowter, "Soft Magnetic Materials for Audio Transformers: History, Production, and Applications", *Journal of the Audio Engineering Society*, v. 35, outubro de 1987, p. 763.
43. *Idem*, p. 764.
44. J. M. D. Coey, "Magnetism in Future", *Journal of Magnetism and Magnetic Materials*, 226-230, 2001, p. 2.110.
45. S. A. Wolf, D. D. Awschalom, R. A. Buhrman, J. M. Daughton, S. von Molnár, M. L. Roukes, A. Y. Chtchelkanova e D. M. Treger, "Spintronics: a Spin-Based Electronics Vision for the Future", *Science*, v. 294, 2001, p. 1.488-1.495.
46. J. D. Livingston (a), *op. cit.*, p. 33.
47. J. D. Livingston (a), *op. cit.*, p. 32.
48. K. J. Overshott, *op. cit.*, p. 28.
49. K. J. Overshott, *op. cit.*, p. 28.
50. I. R. Harris, *Magnet Processing, Rare-Earth Iron Permanent Magnets*, J. M. D. Coey (org.), Oxford University Press, Oxford, 1996, p. 336-380.
51. J. M. D. Coey, *op. cit.*, p. 1-7.

52. V. K. Pecharsky e K. A. Gschneidner Jr., "Magnetocaloric Effect and Magnetic Refrigeration", *Journal of Magnetism and Magnetic Materials*, v. 200, 1999, p. 44-56.
53. C. Zimm, A. Jastrab, A. Sternberg, V. Pecharsky, K. Gschneidner, Jr., M. Osborne e I. Anderson, *Description and Performance of a Near-Room Temperature Magnetic Refrigerator*, Advances in Cryogenic Engineering, v. 43, P. Kittel (org.), Plenum Press, Nova York, 1998, p. 1.759-1.766.
54. Marcel Proust, *Remembrance of Things Past*, v. 1, *Swan' s Way*, C. K. Scott Moncrieff e Terence Kilmartin (trads.), Vintage Books, Nova York, 1982, p. 51.
55. Philip Morrison e Phylis Morrison, "The Sum of Human Knowledge?", *Scientific American*, v. 279, julho de 1998, p. 95.
56. Philip Morrison e Phylis Morrison, *op. cit.*, p. 95.
57. F. Jorgensen, "The Inventor Valdemar Poulsen", *Journal of Magnetism and Magnetic Materials*, v. 193, 1999, p. 1-7.
58. K. W. H. Stevens, "Magnetism", *in Twentieth Century Physics*, v. II, Laurie M. Brown, Abraham Pais e Brian Pippard (orgs.), Institute of Physics Publishing, Bristol, 1995, p. 1.158.
59. J. D. Livingston (b), "100 Years of Magnetic Memories, *Scientific American*, novembro de 1998, p. 81.
60. M. H. Clark, "Making Magnetic Recording Commercial: 1920-1955", *Journal of Magnetism and Magnetic Materials*, v. 193, 1999, p. 9.
61. J. D. Livingston (b), *op. cit.*, p. 84.
62. M. H. Clark, *op. cit.*, p. 9.
63. M. H. Clark, *op. cit.*, p. 8.
64. M. H. Clark, *op. cit.*, p. 9.
65. Willem Andriessen, "The Winner: Compact Cassette. A Commercial and Technical Look Back at the Greatest Success Story in the History of Audio up to Now", *Journal of Magnetism and Magnetic Materials*, v. 193, 1999, p. 12.
66. J. D. Livingston (b), *op. cit.*, p. 85.
67. C. J. Bashe, L. R. Johnson, J. H. Palmer e E. W. Pugh, *IBM's Early Computers*, MIT Press, Cambridge, 1989, p. 239.

68. K. O'Grady e H. Laidler, "The Limits to Magnetic Recording – Media Considerations", *Journal of Magnetism and Magnetic Materials*, v. 200, 1999, p. 618.
69. J. M. D. Coey, *op. cit.*, p. 4.
70. Shan X. Wang e Alexander M. Taratorin, *Magnetic Information Storage Technology*, Academic Press, San Diego, 1999, p. 11.
71. IBM Research News, *www.research.ibm.com/resources/news/20010518_whitepaper.shtml.*
72. C. T. Rettner, S. Anders, T. Thomson, M. Albrecht, Y. Ikeda, M. E. Best, e B. D. Terris, *Magnetic Characterization and Recording Properties of Patterned* $Co_{70}Cr_{18}Pt_{12}$ *Perpendicular Media*, IEEE Transactions on Magnetics, v. 38, 2002, p. 1.725-1.730.
73. U C Berkeley's School of Information Management and Systems, *www.sims.berkeley.edu/research/ projects/how-much-info-2003/execsum.htm.*

Glossário

Ação a distância: efeito produzido por um dado agente a distância, sem contato físico.

Âmbar: resina fóssil que pode ser carregada eletricamente quando friccionada com um pedaço de pano ou pelo.

Anisotropia magnética: propriedade que faz a magnetização de uma amostra preferir apontar ao longo de uma dada direção.

Antiferromagneto: tipo de material no qual os momentos magnéticos dos átomos são antiparalelos, resultando em um momento total próximo de zero.

Bússola: instrumento simples formado por uma agulha magnetizada que pode girar, alinhando-se com o *campo magnético* da Terra.

Campo: propriedade do espaço que é descrita por um valor de uma variável associada a cada ponto do espaço. Podemos falar de um campo de temperaturas, de velocidades, quando a cada ponto podemos atribuir uma temperatura ou velocidade.

Campo magnético: propriedade do espaço próximo a um *ímã* ou um fio onde passa corrente, que pode ser observada pela deflexão da agulha de uma *bússola.*

Carga elétrica: propriedade fundamental de partículas, tais como o *elétron*; as partículas podem ter carga positiva, negativa ou nula.

Coercividade: intensidade do *campo magnético* na direção negativa para o qual a *magnetização* se torna zero, depois de haver alcançado o valor máximo; em uma curva de *histerese*, a coercividade é dada por metade da largura da curva.

Declinação magnética: ângulo entre a direção do *campo magnético* na superfície da Terra e a direção do meridiano, ou verdadeira direção Norte-Sul.

Diamagneto: tipo de substância que é repelida por um *ímã*.

Domínio: pequena região em um corpo magnetizado (por exemplo, um *ferromagneto*), na qual os *momentos magnéticos* atômicos estão todos apontando na mesma direção. O *ferromagneto* normalmente contém muitos domínios com momentos ao longo de diferentes direções, resultando em um *momento magnético* total próximo de zero.

Eletroímã: dispositivo consistindo em uma bobina enrolada em torno de uma armadura de ferro, usado para produzir *campos magnéticos* quando uma corrente elétrica flui através da obina.

Eletrólise: decomposição química induzida por um fluxo de corrente elétrica.

Elétron: partícula de carga negativa que é um constituinte do átomo. Tem um *momento magnético* resultante do seu *spin* e do seu movimento orbital.

Éter: fluido cuja existência se supunha necessária para a propagação da luz, uma ideia abandonada desde o começo do século XX.

Ferrita: composto de ferro de fórmula geral MFe_2O_4, em que M é um metal.

Ferromagneto: tipo de material no qual os *momentos magnéticos* dos átomos estão alinhados em paralelo; um ferromagneto é fortemente atraído por um *ímã*.

Histerese, curva de: curva fechada da *magnetização versus campo magnético*, usada para caracterizar as propriedades de um material magnético.

Ímã ou magneto: corpo magnetizado; amostra com um *momento magnético* espontâneo.

Inclinação magnética: ângulo formado entre o *campo magnético* na superfície da Terra e o plano horizontal.

Indução: efeito de um *ímã* sobre um objeto anteriormente não magnetizado, ordenando-o e fazendo esse objeto agir como um outro *ímã*.

Indução eletromagnética: o fenômeno do aparecimento de uma força eletromotriz em um circuito fechado que é atravessado por um *campo magnético* que varia com o tempo.

Leyden, garrafa de: tipo primitivo de capacitor formado de um jarro contendo folhas de metal em contato com um condutor central e envolto externamente por um metal.

Linhas de campo ou linhas de força: representação gráfica de um *campo magnético*; a intensidade do campo é representada pelo número de linhas por unidade de área.

Magnetar: um tipo especial de estrela de nêutrons, em cuja superfície existe um *campo magnético* ultraintenso.

Magnetismo: fenômeno que envolve o efeito de *campos magnéticos*, a interação entre um *ímã* e outros objetos.

Magnetismo animal: doutrina associada com o nome de Franz Mesmer (1734-1815), o qual acreditava que os seres humanos tinham um *magnetismo* natural que podia ser usado para fins terapêuticos.

Magnetita: mineral magnético encontrado na natureza; um óxido de ferro de fórmula Fe_3O_4.

Magnetização: momento magnético total dividido pelo volume de um corpo; em um *ferromagneto*, medida do grau de ordem magnética.

Magnetizar: tornar um objeto um magneto. Um campo magnético magnetiza um *ferromagneto* produzindo um arranjo de domínios preferencialmente alinhados na direção do campo, que resulta em um *momento magnético* não nulo.

Magnetorresistência: o fenômeno no qual a resistência elétrica de uma amostra varia com um *campo magnético* aplicado.

Máquina eletrostática: máquina que carrega eletricamente objetos, geralmente por meio da fricção.

Material magnético duro: material que tem uma grande *coercividade* e é útil para a fabricação de *ímãs* permanentes.

Material magnético macio: material que apresenta uma baixa coercividade e é útil para a fabricação de núcleos de transformadores, blindagens magnéticas e sensores.

Mecânica quântica: ramo da física que descreve os fenômenos em escala atômica e subatômica.

Momento magnético: quantidade que mede a intensidade dos efeitos de um *ímã*; o *campo magnético* em torno de um *ímã* é maior se o *momento magnético* for maior.

Onda eletromagnética: campos elétrico e magnético periódicos que se propagam no espaço. Ondas de rádio, ondas luminosas e raios X são exemplos de ondas eletromagnéticas.

Ordem magnética: estado dos materiais magnéticos que apresentam *momentos magnéticos* dispostos de alguma maneira regular, por exemplo, paralelamente, como nos *ferromagnetos*.

Paramagneto: tipo de substância que contém *momentos magnéticos* que não estão ordenados; um paramagneto é atraído por um *ímã*.

Pedra-ímã: nome dado ao mineral magnético que ocorre na natureza; *magnetita* magnetizada ou *magnetita* que apresenta um *momento magnético.*

Permeabilidade magnética: propriedade dos materiais que mede essencialmente o grau de *magnetização* produzido por um *campo magnético* aplicado.

Polos magnéticos: as duas regiões de um *ímã* próximo às quais o *campo magnético* é mais intenso.

Spin: *momentum* rotacional intrínseco de algumas partículas, como o *elétron.*

Superímã: *material magnético duro* ou *ímã* permanente poderoso, fabricado com ligas ou compostos geralmente contendo elementos *terras raras.*

Terras raras: elementos da tabela periódica que em geral têm grande *anisotropia magnética* e são usados como constituintes de alguns *materiais magnéticos duros.*

Tesla: unidade de medida do campo magnético, símbolo T. O campo na superfície da Terra é aproximadamente 0,00005 T.

Transformador: dispositivo usado para converter voltagem CA de um valor para outro; na sua forma mais simples, consiste em um anel de ferro em torno do qual são enroladas duas bobinas.

Troca: fenômeno de origem quântica que induz um alinhamento dos momentos magnéticos dos elétrons; por exemplo, em um *ferromagneto.*

Linha do tempo

2000 a.C.

- 2000-1500 a.C.: menção de "hematita que agarra" para a magnetita, em uma lista de mercadorias, na Mesopotâmia.
- 1400-1000 a.C.: barra polida magnética em sítio olmeca, México.
- 1200 a.C.: início da Idade do Ferro na região do Mediterrâneo.

1000 a.C.

- Primeira metade do primeiro milênio a.C.: "hematita que agarra", em texto léxico, Mesopotâmia.
- Século VI a.C.: Tales de Mileto (*c.* 640-546 a.C.), na Grécia, de acordo com Aristóteles, considerava que o ímã tinha uma alma.

500 a.C.

- Século V a.C.: Empédocles de Acragas (m. *c.* 433 a.C.): atração do ímã devido a "efluências".
- Platão (*c.* 428-*c.* 348 a.C.), em *Mênon*, refere-se à arraia-elétrica.
- Aristóteles (384-322 a.C.), em *História dos animais*, descreve a ação da arraia-elétrica torpedo.
- *c.* 400 a.C.: Demócrito (*c.* 460-*c.* 370 a.C.) cria o atomismo.
- 300 a.C.-100 d.C.: cabeça de tartaruga magnética Olmeca esculpida, México.
- 240 a.C.: na China, o livro *Lü Shih Chhun Chhiu* (Anais da primavera e do outono do Mestre Lü) descreve as propriedades do ímã.

- Século I a.C.: Segundo Lucrécio (95-55 a.C.), o nome magneto vem da província da Magnésia; a atração deve-se ao fluxo de partículas emitidas pelo ímã.

0-500 d.C.

- *c.* 47 d.C.: Scribonius Largus (fl. 43) publica *Compositiones medicamentorum*, mencionando o uso terapêutico do peixe-elétrico.
- 83 d.C.: o *Lun Hêng* (Discursos pesados na balança) descreve a colher que aponta para o sul.
- Século I d.C.: Plínio, o Velho (23-79 d.C.), em *História natural*, escreveu sobre o ímã.

500 d.C.

- Século VIII ou IX: a declinação magnética é conhecida na China.

1000 d.C.

- 1044: A obra *Wu Ching Tsung Yao* (coleção das mais importantes técnicas militares) é publicada, com uma descrição da bússola.
- 1123: Theophilus (fl. XII) publica o *Tratado sobre artes diversas*, com informações sobre materiais e técnicas.
- 1175-1183: Alexander Neckam (1157-1217) publica *De nominibus utensilium* (Sobre os nomes dos instrumentos), com referências à bússola.
- 1269: Pierre de Marincourt (Petrus Peregrinus) (n. *c.* 1220) publica a *Epistola de magnete* (Carta sobre o ímã), na qual resume o conhecimento da época sobre magnetismo.

1500 d.C.

- 1540: Vannocio Biringuccio (1480-c.1539) publica o tratado *Sobre a pirotecnia.*
- 1543: Nicolau Copérnico (1473-1543) publica *De revolutionibus orbium coelestium* (Sobre as revoluções das esferas celestes).
- 1544: Georg Hartmann (1489-1564) é o primeiro a reportar o fenômeno da inclinação.

- 1556: Georgius Agricola (1494-1555) publica *Sobre os metais*, um tratado sobre mineralogia, mineração e metalurgia.
- 1558: Giovanni Battista (ou Giambattista) della Porta (1535-1615) publica *Magia naturalis* (Magia natural), com muitas referências ao magnetismo.
- 1581: Robert Norman (fl. 1590) publica *The New Attractive*, no qual descreve a inclinação.

1600 d.C.

- 1600: William Gilbert (1544-1603) publica *De magnete*, em que afirma que a Terra é um ímã.
- 1603: A Academia dei Lincei, a primeira sociedade científica da história, é fundada em Roma.
- 1610: Galileu Galilei (1564-1642) publica *Sidereus nuncius* (O mensageiro das estrelas).
- 1618-1621: Johannes Kepler (1571-1630) publica seu *Epitome astronomiae copernicanae* (Epítome da astronomia copernicana), em que compara a atração do sol com a do ímã.
- 1629: Niccolo Cabeo (1596-1650) publica *Philosophia magnetica*, com a primeira descrição da repulsão entre cargas iguais.
- 1632: Galileu Galilei (1564-1642) publica *Dialogo sopra i due massimi sistemi del mondo* (Diálogo sobre os dois maiores sistemas do mundo).
- 1641: Athanasius Kircher (1601-1680) publica *Magnes, sives de arte magnetica* (O ímã, ou sobre a arte magnética).
- 1644: René Descartes (1596-1650) publica os *Princípios de filosofia*, em que atribui a atração magnética a um fluxo de "partículas com rosca".
- 1663: Otto von Guericke (1602-1686) constrói uma máquina eletrostática.
- 1676: A bússola de um navio é afetada por um raio.
- 1687: Isaac Newton (1642-1727) publica o *Principia mathematica*.
- Século XVII: Valentine Greatrakes (*c*.1628-*c*.1700) reporta curas feitas com ímãs.

1700 d.C.

- 1701: Edmund Halley (1656-1742) publica o primeiro mapa geomagnético.
- 1704: Isaac Newton (1642-1727) publica *Opticks*.

- 1709: Francis Hauksbee, o Velho (*c.* 1666-*c.* 1713), descobre que o ar, à baixa pressão, emite luz com a passagem da eletricidade.
- 1729: Stephen Gray (1666-1736) descobre que a eletricidade pode ser transmitida a distância.
- 1733: Charles François de Cisternay Du Fay (1698-1739) descobre dois tipos de eletricidade estática.
- 1746: Pieter van Musschenbroek (1692-1761) inventa a garrafa de Leyden.
- 1747: Abbé Nollet (1700-1770) constrói um dos primeiros eletrômetros.
- 1752: Benjamin Franklin (1706-1790) realiza o experimento com eletricidade atmosférica.
- 1753: Georg-Wilhelm Richman (1711-1753) morre na Rússia ao fazer experimentos com raios.
- 1785: Charles Augustin de Coulomb (1736-1806) relata que a força magnética decai com o quadrado da distância.
- 1789: Antoine-Laurent Lavoisier (1743-1794) publica o *Tratado elementar de química* e menciona a existência de 33 elementos.
- 1791: Luigi Galvani (1737-1798) publica *De viribus electricitatis in motu musculari commentarius* (Comentário sobre o efeito da eletricidade no movimento muscular), contendo experimentos com rãs.

1800 d.C.

- 1800: Alessandro Volta (1745-1827) publica sua invenção da bateria elétrica.
- 1800: William Nicholson (1753-1815) e Anthony Carlisle (1768-1840) descobrem a eletrólise.
- 1820: Hans Christian Oersted (1777-1851) descobre o efeito magnético das correntes elétricas.
- 1820-1821: André Marie Ampère (1775-1836) atribui o magnetismo da matéria a correntes "moleculares".
- 1831: Michael Faraday (1791-1867) descobre a indução eletromagnética.
- 1843: Samuel Heinrich Schwabe (1789-1875) publica evidências do ciclo de manchas solares.
- 1845: Michael Faraday (1791-1867) descobre o diamagnetismo e o paramagnetismo.

- 1864: James Clerk Maxwell (1831-1879) publica *Uma teoria dinâmica do campo eletromagnético*, em que descreve a teoria do eletromagnetismo.
- 1867: Primeira tentativa experimental de Michelson-Morley para detectar o movimento da Terra em relação ao éter, encontrando um resultado negativo.
- 1869: Dimitri Ivanovich Mendeleiev (1834-1907) publica *A tabela periódica dos elementos.*
- 1881: Emil Warburg (1846-1931) descobre o efeito magnetocalórico.
- 1885-1889: Heinrich Hertz (1857-1894) detecta ondas de rádio e identifica seu caráter eletromagnético.
- 1890: James Alfred Ewing (1855-1935) descobre a histerese.
- 1895: Wilhelm Conrad Roentgen (1845-1923) descobre os raios X.
- 1895: Pierre Curie (1859-1906) descobre a lei de variação do magnetismo de materiais paramagnéticos em relação à temperatura (conhecida como Lei de Curie).
- 1896: Antoine Henri Becquerel (1852-1908) descobre a radioatividade.
- 1897: Joseph John Thomson (1856-1940) descobre o elétron.
- 1898: Valdemar Poulsen (1869-1942) inventa a gravação magnética.

1900 d.C.

- 1900: Max Planck (1858-1947) introduz a ideia do *quantum.*
- 1905: Albert Einstein (1879-1955) publica a teoria da relatividade especial.
- 1905-1910: Paul Langevin (1872-1946) publica uma teoria do paramagnetismo.
- 1907: Pierre Weiss (1865-1940) propõe o campo molecular para explicar o ferromagnetismo.
- 1913: Niels Bohr (1885-1962) publica um modelo do átomo.
- 1919: Joseph Larmor (1857-1942) propõe a teoria do dínamo autoexcitado para explicar o magnetismo do sol.
- 1922: Arthur Holly Compton (1892-1962) demonstra a existência de fótons.
- 1923-1924: Louis de Broglie (1892-1987) sugere que toda matéria tem caráter ondulatório.

- 1925: Samuel Abraham Goudsmit (1902-1978) e George Eugene Uhlenbeck (1900-1988) propõem a existência do spin.
- 1926: Werner Heisenberg (1901-1976) e Paul Dirac (1902-1984) propõem a interação de troca para explicar a ordem magnética.
- 1926: Erwin Schrödinger (1887-1961) introduz sua equação de onda para descrever os fenômenos quânticos.
- 1927: Clinton Joseph Davisson (1881-1958) e Lester Halbert Germer (1896-1971) descobrem o comportamento ondulatório dos elétrons.
- 1920: são inventadas as ligas magneticamente macias mumetal e permalloy.
- 1932: Louis Néel (1904-2000) sugere a existência do antiferromagnetismo.
- 1930: Tokushichi Mishima (1893-1975) inventa a liga alnico para ímãs permanentes.
- 1932: Cornelius Jacobus Gorter (1907-1980) tenta observar a ressonância magnética e fracassa.
- 1935: Magnetophon: o primeiro gravador magnético de fita.
- 1930: as ferritas são estudadas.
- 1944: Evgeny K. Zavoisky (1907-1976) descobre a ressonância magnética (ressonância paramagnética eletrônica).
- 1946: dois grupos americanos descobrem a ressonância magnética nuclear.
- 1956: discos rígidos magnéticos introduzidos pela IBM.
- 1956: o primeiro gravador de vídeo magnético é comercializado.
- 1963: a fita cassete é conhecida.
- 1973: Paul C. Lauterbur (1928-) publica uma imagem obtida com a ressonância magnética nuclear.
- 1981: o primeiro mapa preciso do campo magnético da Terra é feito pelo satélite Magsat.
- 1983: desenvolvimento do material para ímãs permanentes baseado no composto NdFeB.
- 1988: a magnetorresistência gigante (GMR) é reportada por um grupo em Orsay, dirigido por A. Fert.
- 1997: o primeiro protótipo do refrigerador magnético é construído.
- 1998: o computador quântico de dois q-bits, empregando a ressonância magnética nuclear, é demonstrado.
- 1998: o teleporte quântico usando a ressonância magnética nuclear é demonstrado.

Índice

O texto deste livro foi composto em Sabon, desenho tipográfico de Jan Tschichold de 1964 baseado nos estudos de Claude Garamond e Jacques Sabon no século XVI, em corpo 11/15 Para títulos e destaques, foi utilizada a tipografia Frutiger, desenhada por Adrian Frutiger em 1975.

A impressão se deu sobre papel off-white 80g/m² pelo Sistema Cameron da Divisão Gráfica da Distribuidora Record.